果品产地贮藏保鲜与病害防治

主编

高海生　张翠婷

副主编

杨晓宽　孙世卫

编著者

（以姓氏笔画为序）

马　腾　王　振　付春宇　许高升

李　健　贾艳茹　曹红梅

金盾出版社

内 容 提 要

本书由河北科技师范学院高海生教授等编著，作者总结了多年来从事果品贮藏保鲜技术工作的经验和科研成果，并收集了部分新的实用技术资料，系统介绍了果品采收、包装与运输，果品产地贮藏保鲜的基本条件、产地贮藏保鲜的设施条件，北方水果、南方水果、常见瓜果、主要干果的产地贮藏保鲜与贮藏期病害防治技术，果品保鲜剂的配制与使用技术等内容。全书内容系统，知识新颖，语言通俗，技术先进实用，可操作性强，可供果树（经济林）种植人员、经销人员、市场管理人员及各级农业技术人员阅读，并可作为大中专院校及职业院校相关专业师生参考。

图书在版编目(CIP)数据

果品产地贮藏保鲜与病害防治/高海生，张翠婷主编. --北京：金盾出版社，2012.3
ISBN 978-7-5082-7355-6

Ⅰ.①果… Ⅱ.①高…②张… Ⅲ.①水果—贮藏②水果—保鲜 Ⅳ.①S660.9

中国版本图书馆 CIP 数据核字(2011)第 269806 号

金盾出版社出版、总发行
北京太平路 5 号（地铁万寿路站往南）
邮政编码：100036 电话：68214039 83219215
传真：68276683 网址：www.jdcbs.cn
封面印刷：北京精美彩色印刷有限公司
正文印刷：北京万博诚印刷有限公司
装订：北京万博诚印刷有限公司
各地新华书店经销

开本：850×1168 1/32 印张：7 字数：165 千字
2012 年 3 月第 1 版第 1 次印刷
印数：1～8000 册 定价：13.00 元

前 言

我国水果年产量超过亿吨，已成为世界果品生产的大国之一，是种植业的一大产业。长期以来，我国果品的贮藏保鲜产业十分滞后，基本是“季产季销”、“地产地销”，“贮不进，运不出”已成为“卖果难”的主要症结之一。随着我国果树生产的迅速发展，各产区的生产者、经营者与商业运销部门，往往因缺乏果品贮藏保鲜知识和技术，造成果品大量腐烂，出现“旺季烂、淡季断”的丰产不丰收现象。主要原因有以下几点：一是采后商品化意识淡薄；二是果品贮藏能力不足；三是果品贮运保鲜技术推广普及率较低；四是贮藏保鲜产业不能适应市场经济发展的需要。

水果产品生产季节性强，产量高，采收期相对集中，从采前至采后的包装、运输、贮藏、加工都要附加很多的手工劳动，属劳动密集型产业。而且水果在采后的贮、运、销过程中极易腐烂，故有“百里不贩鲜”之说，因此，果品产地贮藏保鲜技术已成为农业生产发展的必然。

本书总结了作者多年来从事果品贮藏保鲜技术工作的经验和科研成果，并收集了部分新的实用技术资料，以通俗易懂的问答形式，系统地介绍了近百种干鲜果品和瓜果的贮藏保鲜技术及贮藏期常见病害的防治技术。在“果品保鲜剂的配制与使用”这部分内容中，介绍了生产上实用性强、使用效果明显、能够自行配制的若干种果蔬保鲜药剂的调配和使用方法，以期对于果品生产者、农产品经营者和农业科技工作者有所帮助。

在本书编写过程中，参考了《果蔬保鲜实用技术问答》、《果蔬贮运保鲜金点子》等书刊，在此谨对原作者表示感谢。国家农产品保鲜中心的王文生老师提供了部分图片，特致谢意。限于编者理论水平和实践经验不足，加之编写时间仓促，书中疏漏与不妥之处在所难免，恳请读者批评指正。

编 著 者

目录

一、果品采收、包装与运输

1. 果实的成熟度如何划分？

果实的成熟度一般分为可采成熟度、食用成熟度和生理成熟度3种。

可采成熟度指果实已经完成了生长和营养物质的积累，大小已经定形，开始出现本品种近于成熟的各种色泽和性状，已达到可采阶段。这时果实还不完全适于鲜食，但却适于长期贮藏和运输，如供贮藏用的苹果、香蕉、猕猴桃都应在此时采收。食用成熟度是指果实已经具备本品种的固有色、香、味、形等多种优良性状，达到最佳食用期的成熟状态。这时采收的果实仅适于就地销售或短途运输，也可用来加工果汁、果酒、果酱等，但已不适于贮藏和远销。生理成熟度表现为种子已经充分成熟，果肉开始软绵崩烂，果实已不适于食用，更不便于贮藏和运输。一般水果都不应在此时采收，只有以食用种子为目的的山杏、板栗、核桃等果实才在生理成熟度采收。

2. 果实成熟度如何确定？

判定果实成熟度应综合各方面因素加以分析判断。一般多以感官及果实生长期来判断，同时参考其他方法。常用方法有：一是果实颜色的变化。以观察底色为主，面色为辅。果实成熟时其底色由黄绿色变为绿黄色，面色逐渐加深，由红色变成紫色。二是果实生长期，即盛花后的天数。一般苹果早熟品种在盛花后生长天数不超过100天，中熟品种为100～140天，晚熟品种为140～175天。三是淀粉含量变化（用碘酊或碘化钾测定）。四是果实硬度。五是可溶性固形物含量和含酸量。六是果柄脱离的难易程度（此法不适用于无离层形成的果实）。七是其他如种子颜色、果实表面果粉的形成、蜡质层的薄厚等。

3. 果实采收前应做哪些准备？

采果前应做好人员组织和技术培训工作，使每一个采收人员都明确自己的职责并熟练掌握采果技术。同时，做好与采后处理有关的包装、运输、贮藏、加工的具体安排。

工具准备是采果必不可少的一项内容。齐全的工具应包括果剪、采果篓、装果筐、采果梯及运输工具等。

(1)果剪 采收柑橘的特制剪刀，要求头圆、刀口锋利、合缝良好，以便剪断果柄又不伤害果皮。

(2)采果篓(篮、袋) 一般用竹子或荆条编制而成，篓内应衬垫棕片或其他软物，以防擦伤果皮。采果袋是用椭圆形金属环和帆布做成的一种筒形袋子，底部可以自由开闭，是一种比较好的采果用具。

(3)装果筐(篓) 供采收时装果用，一般可装果20千克或更多，筐内应垫棕片、蒲包等柔软物品，木箱和钙塑箱也常用来装果，但内侧一定要光滑、干净。

(4)采果梯(凳) 采果梯一般用竹木做成，最好用双面梯，既可调节高度，又不易损伤树枝、叶片和果实。采果凳是在采收位置较低的果实时用的一种便于移动的工具。

4. 如何进行采果?

苹果、梨、桃等果实采收时,应将采果袋(篮)放在采果人员的胸前,用手掌托果,拇指和食指捏住果柄,轻轻一抬或旋转,果柄即与果枝自然分离。采收双果或多果时,可双手同时采摘,以防果实脱落。采果时动作要轻,采下后轻轻放入袋内,以防碰伤。采收时一定要连同果柄一起采下,无柄果不仅等级低下,而且贮藏中容易染病腐烂。

柑橘类果实的采收要用果剪。通常采用两剪法剪果,第一剪先剪下果实,这时果柄较长,第二剪再齐果蒂剪平。远离身边的果实不要硬拉,以免折断枝条或拉松果柄等。

葡萄、枇杷、荔枝、龙眼等果实应成穗采收。香蕉采收是砍蔸取轴,再去轴分梳。上述所有操作过程都必须严防机械损伤和碰压伤。

5. 采果时的注意事项有哪些?

果实采收时应注意以下几点:一是果实应分批采收,做到成熟一块采收一块。同一品种应先采高燥地块和果园外围,后采潮湿地块和内部果。二是采收顺序应先下部后上部,先外围后内膛,切忌强拉硬拽,以免碰伤花芽和短枝,影响翌年产量。三是阴雨天、露水未干或有浓雾时不得入园采果。晴天的中午或午后也不宜采收。最好的采果时间是晨雾已经消失或天气晴朗的午前。四是所有入园采果人员,采前都不得饮酒。指甲应当剪短,最好戴上手套,尽量避免指甲伤、碰压伤、刺伤、摩擦伤和病虫伤等。五是所有操作必须坚持轻摘、轻放、轻装、轻卸。采后及时运到预冷点并迅速进行分级包装。严防日晒、雨淋、鼠害等。

6. 如何进行果品包装场所的操作？

一般果品包装场所都设有卸果和药物处理装置。我国果品生产目前仍以小规模经营的手工操作为主，在这种情况下可以不设专用卸果装置，但某些果品的药物防腐处理必不可少，以免日后造成损失。苹果贮藏后期容易出现虎皮病，采收后用2 000～4 000毫克/千克乙氧基喹处理可收到很好的效果。柑橘贮藏保鲜的重要内容之一也是防腐处理。目前，国内常用的化学防腐剂主要有多菌灵、托布津、2,4-D、橘腐净等。处理方法是500～1 000毫克/千克多菌灵（或托布津）＋200～250毫克/千克2,4-D混合液洗果；橘腐净则用100倍液浸果较为适宜。香蕉采后用500毫克/千克托布津（或多菌灵）处理落梳的蕉轴，也有良好的防腐作用。

7. 如何进行选果分级？

采果人员在果园采收时应对果品进行初选，凡腐烂果和不能利用的果实皆不得装箱运入包装场。现代化的包装场往往先按品质分等，然后将每一等的果实按大小分级。按质分等称为挑选，每一等果实再根据大小和种类进行分级。通常分级都在选果台上进行，选果台是一条橡皮传送带，选果人员站在传送带两侧，将颜色不合规格、形状不整、过大或过小的果实剔除送去加工或另行处理。适于鲜销和贮藏的果实再按大小进行分级。

我国现行的人工分级方法，一般是根据果实的大小、色泽、形状、成熟度、病虫害和机械伤等情况，按国家规定的内、外销标准进行挑选分级。通过分级，使果实规格相同，品质一致，便于包装、运输和销售，实现果品生产、销售的标准化作业。现代化包装场的分级作业已实现自动化操作，通常按果实重量或横径大小将果品自动分成若干级。我国的柑橘、苹果也开始使用分级打蜡机进行机械化作业。

手工操作一般用果实分级板进行分级，分级板是在一个长方形的光滑木板上，刻出 6～7 个直径不同的圆孔做成。分级时，用手将果实送入孔中，即可迅速分出果实的级别。有经验的工人，一般采用手测、目测相结合的办法进行分级，即可迅速分出果实的级别。

8. 果品贮藏、运输和销售时如何进行包装、堆码处理？

包装是果品安全贮藏、运输和商品化流通的重要手段。果品含水量高，组织柔嫩，保护性组织较差，容易损伤。同时，为了便于搬运、装卸、贮藏和合理堆放，增加装载量，提高贮运效率，需要良好的包装。贮运包装（大包装）需要有足够的强度，以利于保护产品，防止造成损伤。同时，要求具有一定的通透性，以利于果实散热和气体交换。包装还要求具防潮性，防止吸湿变形，造成倒塌。包装要便于堆码。销售包装（小包装）需要一定的强度，保护产品。同时，要求卫生、美观，便于销售。

包装容器分采收包装、运输包装、贮藏包装和销售包装。可以将几种包装一体化，即采用一种包装就可兼具上述几种功能，如葡萄可用 5～10 千克木箱包装。有条件时应将贮运包装与销售包装分开，即采用抗压、防潮、透气、装量较大的木箱或塑料箱作贮运包装，采用结实、卫生、精美、便携（10 千克以下）的彩印纸箱做销售包装。可将采收、运输、贮藏包装三位一体，购置 15～25 千克的塑料周转箱，虽一次投资大些，但坚固、防潮、轻便，可堆高、洗刷，使用年限长。

果品贮运包装件的堆码应考虑库容空间的利用、堆码牢固、便于机械作业等。一般贮藏期间堆码要求箱体间、垛间和垛库间应留有一定空隙，以利于均衡果品贮温，有利于通风散热。一般库间主通道要求宽1～1.2米，垛(架)间通道0.5～0.6米，箱体间距2～5厘米，垛距墙体0.2～0.3米，距冷却蒸发器1米以上，距库顶0.5～0.6米，垛底离地0.1～0.2米。堆码要求牢固，防止倒塌伤人。提倡用叉车配合托盘或贮藏大箱进行机械堆码，以提高作业速度。

9. 如何掌握好新鲜果蔬的运输流向?

果蔬采后从田间到贮库，从产地到销地，南北调运，东西流通，运输流通便在不同季节，依产品种类的不同，形成了不同方向、不同大小的洪流。果蔬的运输流向，一般因季节而有差别。

(1)一季度 此期是北方果实收获的淡季，而南方广东、广西、福建、海南等地区正是柑橘类水果和茄果类、荚果类蔬菜的生产旺季。这一季节正好是元旦、春节、元宵节三大节日时期，鲜细蔬菜需求量很大，这时的运输流向是蔬菜以由南向北运输为主，也包括这些地区的柑橘类水果大量北上。与此同时，北方辽宁、山东、河北、山西、陕西等地区贮藏的苹果、梨、葡萄也大量运输到东南沿海城市。

此间价值高、潜力大的运输流向是海南省向邻近省和北方城市运输反季节水果、蔬菜，如香蕉、菠萝、西瓜、冬瓜、苦瓜、丝瓜、黄瓜、青椒、菜豆等。运销差价悬殊。

(2)二季度 此期正值北方果品淡季，当地蔬菜主要靠保护地生产。此间华中、华东地区正值梅雨季节，华南、西南地区气温迅速回升，这期间各地果品蔬菜价差不大。此间水果流量不大。南方5月末的李、桃，6月份的荔枝等水果运往北方，其中一部分是空运。

(3)三季度 炎热的夏季里，南方高温、台风、暴雨天气，对其蔬菜生产极为不利。而此期北方正是蔬菜收获旺季，甘蓝、青花菜等蔬菜开始向南方运输流通，创利时机是有的。

此间，南方荔枝、龙眼、杧果、香蕉、菠萝、早橘等水果大量运往北方。而北方的桃、李、杏、葡萄等也大量南下。其中大量上市的西瓜，先是由南向北运输，接着就是由北方向南方的反季节运输。这一时期西部和西北地区的甜瓜等价格低、质量好，大量由西向东、向南、向北运输，利润较好。

(4)四季度 此期是果实运输流通最大的季节，南方的蔬菜、水果大量北运。而北方的苹果、梨、葡萄、马铃薯、胡萝卜等果蔬也大量南运。

此外，近年来随着台湾水果的大量进入、云南的高档蔬菜、广州等地的进口水果等，一年四季不停地运往全国各地。其中相当数量是空运，利润也很可观。

10. 为什么说铁路运输是果品流通的主要运输方式？

铁路运输在果实长途运输中占75%以上。铁路运输运载量大，速度较快，运输平稳，运费较低。但缺点是机动性差，中间环节多。铁路运输步骤主要有提报计划、装车、发运、到站验货等环节。

(1)提报计划 一般应在当月13日前向车站提报下月运输车皮计划，使用冷藏车运输时，要据果实体积重量，填报冷藏车的型号。如做不到提前申报，可申请计划外车皮，请铁路局审批。

(2)装车 计划审批后，应准备好短途汽车运输、装车的工具、器材（覆盖、保温、加固、通风等），无加冰能力的车站，还要备好冰、盐。冷藏运输的果实还必须先期预冷。

(3)发运 由铁路部门及时发运，承运人可派人押车，以保证运输质量，应付突发问题。

(4)到站验货 在无押运情况下，到站接车要检查封签是否完好，途中加冰记录，车内温度记录等，验货须与铁路工作人员一起进行。

11. 新鲜水果铁路运输的技术条件有哪些？

(1)冷却的水果(香蕉、菠萝除外) 要求色泽新鲜，无霉烂、过熟、雨湿或水渍现象。装车温度0℃～4℃。用耐压的箱、箩、篓、筐包装，每件净重不超过25千克，稳固装载，留通风空隙，机冷车保持0℃～4℃，冰冷车均保持0℃～6℃。

(2)冷却香蕉、菠萝 要求色泽青绿，无黄熟、腐烂现象，装车温度香蕉11℃～15℃、菠萝7℃～11℃。包装同上，稳固装载，留通风空隙，车内温度保持装车温度幅度。

(3)甜瓜 要求色泽新鲜，无过熟、腐烂现象，用耐压箱、箩、篓、筐包装，每件不超过30千克，或无包装，稳固装载，留隙通风，机冷车保持3℃～6℃，冰冷车保持3℃～10℃。

(4)西瓜 要求色泽新鲜，无过热、破裂、腐烂现象，用箱、箩、篓、筐包装或无包装，稳固装载，留隙通风，机冷车保持6℃～9℃，冰冷车保持5℃～10℃。

(5)柑橘类 要求色泽新鲜，无腐烂现象，用耐压的箱、箩、篓、筐包装，每件不超过30千克，稳固装载，留隙通风，机冷车内保持3℃～6℃，冰冷车保持3℃～8℃。

(6)苹果 要求色泽新鲜，无腐烂现象，用耐压的箱、箩、篓、筐包装，每件不超过30千克，稳固装载，留隙通风，或根据承运人要求紧密堆码，机冷车保持0℃～3℃，冰冷车保持0℃～8℃。

(7)梨(洋梨、蜜梨除外) 要求色泽新鲜,用耐压的箱、箩、篓、筐包装,每件净重不超过35千克,稳固装载,留隙通风,或根据承运人要求紧密堆码,机冷车保持2℃～5℃,冰冷车保持2℃～6℃。

(8)无花果、蜜桃、荔枝、龙眼、樱桃、蟠桃、猕猴桃、洋桃、洋梨、蜜梨、枇杷、杨梅、李、杏等 要求色泽新鲜,无破裂、过熟、腐烂、机械伤等现象,用耐压容器包装,每件净重不超过25千克,机冷车保持10℃～15℃,冰冷车保持10℃～16℃。

(9)板栗 要求色泽新鲜,用麻袋装,每件不超过50千克,机、冰冷车均保持0℃～6℃。

12. 新鲜水果公路运输的技术条件有哪些?

公路运输是目前果品的主要运输形式,它具有作业灵活,适宜中短途运输及门对门的装卸服务,减少转运次数,运输质量好。缺点是公路等级低,堵车严重,振动伤损较大。近年发展的高速公路运输,平稳、快捷,已广泛用于长途运输。

(1)冷藏汽车运输 车厢隔热良好,并装有柴油发电机、制冷机及蒸发、散热、控制设备,能维持车内低温条件,可用来运输中、长途新鲜果实。还有一种从国外进口的平板冷藏拖车,是一节单独的隔热拖车车厢,车厢一端有车轮,另一端挂在大马力拖车车头上。这种拖车牵引力大,拖车移动方便灵活,可在高速公路上运输,运输时可在产地包装场载满果实后,拖运到铁路站台,安放在平板火车上,运到销地火车站后,再用汽车牵引到批发市场或销售点。其优点是转运过程无须机械化的装卸设备,大大节省时间,减少搬运、装卸次数,避免伤损,经历温度变化小,对保持产品质量、提高效益有利,并适应日益发展的高速公路运输新鲜果实。

(2)普通货车运输 在冷藏汽车数量较少的情况下,大量果实公路运输是由普通货车和厢式货车承担的。优点是装载量大、费用低，但运输质量不高，损耗大。普通货车运输果实要注意如下事项。

①防超载　超载会造成行车不安全，是运输管理明令禁止的，但车主为了获取利润，货主为了减少费用，贪图方便，往往超载运输。超载可对果实产品造成挤压伤。

②防冻害　利用无隔热的普通货车往北方运输果实容易受冻，需要用棉被、苫布、草苫等进行覆盖防寒。应选白天温度高时运行，运输距离不宜过长。

③防高温　夏季气温高，利用普通货车运输果实容易腐烂。可采取夜间温度低时运行；产品应提前散热预冷；可在车厢内加冰冷却；向车厢顶部或苫布上淋水降温；产品用耐压、通风的容器包装，保持车厢四周通风良好等措施来防止运输热伤。

④防雨淋　运输过程不管什么季节，不管长途、短途运输，都要防止雨淋，淋雨势必会带来腐烂损失。

(3)行车安全　公路运输要安全无误，避免车祸，防止伤亡，避免疲劳驾驶。安全就是速度，就是效益。出了事故，既延误了运输时间，又会造成经济损失。

13. 果实贮藏前如何进行预冷处理？

果实采后预冷是采用一定设备和技术将产品田间带热迅速除去，冷却至适宜运输和贮藏的低温状态。

预冷处理有自然预冷和人工预冷 2 种方法。前者是指将采后果实用通透包装运至阴凉通风处，利用夜间低温、冷风来除去产品的田间热。自然冷却需时较长，且不易达到适贮温度。所以，应创造条件，进行人工快速预冷。常见的人工预冷方法主要有以下几种。

(1)冷库预冷　将包装的果实，采后迅速运到冷库，堆码时彼此间多留空隙，或直接上架摆放。利用冷库风机强制空气循环流经产品周围，带走热量，使之冷却。然后移入另一冷库再按贮藏要求堆码冷藏，或不再搬动，原库冷藏。该法冷却速度较慢，一般需1～3天才能冷却至预定温度。包装容器须有孔，适用于较长时间贮藏的果实预冷。

(2)强制冷风预冷 强制冷风预冷又称差压预冷，在专用预冷库内设冷却墙，墙上开冷风孔，将装果实的容器堆码在冷风孔两侧或面对冷风孔。堵塞除容器通风孔以外的一切气路，用冷风机推动冷却墙内的冷空气，在容器两侧造成压差，强制冷空气经容器通风孔流经果实，迅速带走其热量。

利用普通冷库也可进行简单的差压预冷。将有孔纸箱或塑料箱的果实容器堆码成两堵封闭的"隔墙"，中间留一定空间做降压区，用帆布将两个"隔墙"的顶部及两端连同中间降压区一起密封，将两堵墙的外侧露出，按堆垛的大小，在其一端或两端用风机向外抽风，这样中间降压区内的气压降低，迫使冷空气从"隔墙"外侧的通风孔通过包装容器，从而带走果实中的热量，这些热量进入降压区，再由风机抽出至冷库进行循环，即可达到差压预冷的效果。该法适用于多种果实预冷。

(3)水预冷 将箱装果实浸泡在流动的冷水中，或用冷水喷淋。水的热容量大，冷却效果好，冷却时果蔬不会失水，通常20～50分钟可预冷至预定温度。但冷却后需经冷风吹干产品，冷却水必须进行消毒处理。

(4)冰预冷 用天然冰或人造冰作冷媒，将碎冰装填在产品包装容器内，直接接触产品，装冰量约占产品重量的1/3。适用于胡萝卜、甜玉米、花椰菜等。

(5)真空预冷 将包装产品放在真空预冷机的气密真空罐内降压，使产品表层水分在低压真空状态下汽化，由于水在气化蒸发时吸热而使产品冷却。该法预冷设备投资大，成本高。

二、果品产地贮藏保鲜的基本条件

1. 果实的呼吸作用有几种类型?

果实的呼吸作用有2种类型,即有氧呼吸和无氧呼吸。前者是指在氧供应充足时,果实中贮存的糖类、有机酸以及复杂的碳水化合物作为呼吸作用的底物被完全氧化,分解成二氧化碳和水,并释放出大量的能量,维持正常的生命活动。后者则是在无氧或缺氧(氧含量低于2%)条件下,果实的呼吸作用不能使呼吸基质(底物)完全氧化分解,而是形成了其他化合物,如乙醛、乙醇等,乙醛又被还原成乙醇,因而也称酒精发酵,如鲜枣存放一段时间后产生酒精味。

2. 影响果实呼吸作用的因素有哪些?

影响果实呼吸作用的因素主要有内在因素和外在因素两大类。

(1)内在因素

①**种类和品种** 不同种类和品种的果实呼吸强度不一样,较耐贮藏的仁果类(如苹果、梨、山楂等)和葡萄等的呼吸强度较低;不耐贮藏的核果类(如桃、杏、李等)呼吸强度较高。同一种类的果实,早熟品种呼吸强度比晚熟品种高,南方生长的果实比北方生长的果实呼吸强度高,夏季成熟的果实比秋冬成熟的果实呼吸强度高。在蔬菜中,一般是花菜类呼吸强度较高,其次是叶菜类、果菜

类，再次是根菜类。

②成熟度　大多数果实在生长的幼嫩阶段呼吸旺盛，呼吸强度高，随着成熟度的增加，呼吸减弱。

(2)外在因素

①温度　在一定的贮藏温度范围内，温度越低，果实的呼吸越弱，贮藏期越长，但过低也会影响组织正常的生理代谢，造成伤害。因此，要尽量保持稳定而适宜的低温。

②气体成分　贮藏环境中影响果实呼吸的气体主要是氧、二氧化碳和乙烯。一般氧浓度低于7%时对呼吸有抑制作用，当低于5%时可较大程度降低呼吸强度，但低于2%时常会造成果实缺氧呼吸，因此贮藏中一般将氧浓度保持在2%～5%。环境中二氧化碳增加也会减弱呼吸作用，推迟呼吸高峰出现，但浓度过高也会造成组织伤害，缩短贮藏期。不同果实对二氧化碳的耐受力差异很大，但大部分果实在二氧化碳浓度1%～5%的条件下不会产生较大损伤。

③机械伤和病虫害　在采收、搬动、运输时，受机械伤、被虫咬或受微生物侵染的果实，其呼吸强度增加，乙烯生成加快，缩短了果实的贮藏期。因此，要严格选择无伤害的果实进行贮藏。

3. 果实呼吸与贮藏的关系如何？

果实的呼吸，对贮藏既有不利的一面，又有有利的一面，主要从以下几点考虑。

(1)产生呼吸热　果实在呼吸过程中必然产生能量，除维持果实自身的生命活动外，一部分以热能的形式释放出来，即呼吸热，它使果实体温增高，进而又促进呼吸作用，导致体内有机物消耗更快，使果实贮藏期缩短。

(2)出现无氧或缺氧呼吸　无氧或缺氧呼吸往往带来许多危

害，在果实贮藏期间，当氧浓度低而发生缺氧呼吸时，由于产生的能量很少（约为有氧呼吸的1/24），为维持生命活动而必须大量消耗贮存的营养物质，加速衰老。同时，最终产物乙醇和中间产物乙醛在组织中大量积累，毒害果实细胞，使品质劣变、组织死亡。

(3)呼吸作用产生乙烯 乙烯是一种引起果实成熟的植物激素，对果实的耐藏性、果实贮藏期间的品质变化均有不同程度的影响。

要避免和减少乙烯的不利作用：一是合理选果，不能混藏。二是控制贮藏条件，抑制乙烯的生成和作用。乙烯在0℃左右时，合成能力极低，随温度上升，乙烯生成加快。因此，采用尽可能低而不发生伤害的温度则能控制乙烯的合成。三是控制低氧和高二氧化碳的环境条件。

(4)呼吸作用与果实的抗病性 虽然呼吸作用是物质消耗的过程，使果实重量减轻，组织衰老，但也正是由于果实采后仍是具有生命的活体，进行呼吸作用，才具有耐藏性和抗病性，呼吸作用在愈伤和抗病性两方面均有积极的作用。当果实遭受机械损伤时，呼吸作用为形成愈伤组织所需新物质的合成提供了中间产物和能量。

4. 降低贮温是果实贮藏保鲜的首要措施吗？

温度是影响果实采后呼吸代谢的首要因素。在一定范围内果实呼吸强度随环境温度降低而减弱。降低贮藏环境温度会明显降低果实的呼吸强度，降低体内一系列生理生化方面的变化，减少营养物质的消耗，从而延长果实的贮藏期。同时，可以抑制病原菌的腐败活动，减少病腐损失。降低贮温在贮藏保鲜所有措施中，可占60％～70％的效果。贮藏温度降下来后，湿度、气体、薄膜包装、防腐剂、保鲜剂等保鲜措施都好调控和发挥作用。

5. 果品贮藏保鲜如何利用其耐藏性和抗病性？

果品的耐藏性是果实在贮运期间保持其品质（包括外观和内在质地、风味、营养）缓变、减少损耗的特性。抗病性是其抵抗病原微生物侵染致病的特性。耐藏性和抗病性是活体果实具有生命状态的标志，我们要利用果实的耐藏性和抗病性来贮藏保鲜。耐藏性和抗病性是互相依赖、互相制约的。耐藏性强的，往往抗病性也强；抗病性弱的，耐藏性也差。果品贮藏保鲜就是利用其耐藏性和抗病性，通过调控环境条件等措施来使耐藏性和抗病性得到发挥。不同果实或同一果实不同品种的耐藏性和抗病性不同：一般原产自温带地区的果实比原产自热带和亚热带的耐藏性、抗病性强；往往秋季采收（晚熟）的果实要比夏季采收（早熟）的耐藏性、抗病性强。果品贮藏保鲜，先要了解其耐藏性、抗病性如何，要选耐藏性、抗病性强的果实种类和品种进行贮藏保鲜，以获得好的贮藏质量和贮藏效益。

6. 果品贮藏保鲜如何控制其后熟和衰老？

果品采后往往有一个自行完成熟化的过程，称为后熟，经过后熟，果实变得更适宜食用。但从此组织趋向衰老阶段，开始解体、腐烂。为了运输销售或贮藏延期供应，一些果品往往提前采收，利用其后熟过程，通过采取措施（如低温、气调等），抑制其后熟作用，达到长运或长期贮藏不变质的目的。有时为了提早上市，可以利用乙烯利等处理，促进果实后熟。一般属于呼吸跃变型的果实都具有后熟特征。所以，对这类果实的贮藏保鲜，必须设法控制其后熟衰老。

7. 水分蒸发对果实贮藏的影响有哪些?

水分是保持果实正常生理功能、保证新鲜品质的必要条件，水分的蒸发不但使果实失重，使细胞膨压降低，造成萎蔫而失去新鲜饱满的外观，而且当水分损失大于5%时，还会影响正常的呼吸作用，促使酶活性趋于水解，加速营养物质消耗，削弱组织耐藏性和抗病性，缩短贮藏期。

水分蒸发是贮藏中重量减轻的主要原因。如柑橘自然损耗失重的3/4是由于失水，1/4是呼吸消耗干物质造成的。但也有的品种适当散失水分反而有利于防止微生物的侵染，增强抗病性，减轻生理病害。据报道，温州蜜柑在高湿条件下易产生“浮皮”和“油脆褐变”等果皮病害，低湿条件则能使果实保持较好的风味和品质。

8. 影响果实水分蒸发的因素及控制蒸发的措施有哪些?

影响果实水分蒸发的主要因素有内在因素和外在因素2类，可根据具体情况采取一定的措施进行控制。具体方法如下。

(1)**内在因素**　包括品种、成熟度及化学成分。一般来说，表面积与重量比值小的、成熟度高保护层厚的、表皮组织结构紧密的果实，水分不易蒸发散失；原生质中亲水胶体和可溶性固形物含量高的细胞，保持水分的能力强，水分散失也慢。

(2)**外在因素**　是指贮藏中可以调节的环境因素，主要有以下几种。

①空气湿度　是影响果实水分蒸发散失的直接因素，贮藏环

境的空气湿度越大，果实中的水分越不容易散失。生产上往往采用泼水、喷雾等方法，保持贮藏场所较高的空气湿度，以减少果实的水分散失。

②温度　果实的水分散失与温度的高低密切相关。高温促进水分蒸发散失，温度低时散失速度减慢。另外，温度出现波动时，果实表面容易产生水珠，易造成腐烂。因此，在贮藏中应尽可能控制环境中恒定的低温，减少蒸发散失和结露。

③风速　水分散失形成的水蒸气覆盖在果实表面形成蒸发面，可以降低蒸气压差，起到抑制水分散失的作用。但空气流动会带走果实表面的水蒸气，使果实水分散失速度加快。

④包装　包装对于运输、贮藏中果实的水分散失具有十分明显的影响。现在常用的瓦楞纸箱与木箱、箩筐相比，用纸箱包装的果实散失量小。若在纸箱内衬以塑料薄膜，水分散失可以大大降低。果实单果包纸或套袋、装塑料薄膜袋、涂蜡、保鲜剂处理等都有防止或减少水分散失的作用。

9. 为了防止果实失水，如何保持贮藏的高湿环境？

保持贮藏环境较高的湿度，一定要与贮藏温度相配合，要求低温贮藏再配以高湿（一般是指90%～95%的空气相对湿度）。贮藏果实也不是都要求低温高湿环境，洋葱、大蒜等蔬菜就要求低温、低湿条件。

一般贮藏温度降至0℃左右，库内空气湿度就会提高。但往往冷库的水泥地面或墙面要吸收水分（尤其新建冷库），所以多数还要采取加湿措施。在库内安装加湿器，或在地面铺湿草苫、湿麻袋，或直接向地面上洒水或撒雪。采用塑料薄膜包装贮藏果实可创造小环境中的较高湿度，防止果实失水，有利于保持果实鲜度。但在薄膜包装内，湿度高了会使贮藏病害加重，所以须配合施药进行防腐。

10. 果实入贮时如何控制好质量关?

入贮的质量是基础保证,有好的入贮产品,才会有好的贮藏效果,基础质量不好的果品不能长时间贮藏。因此入贮时的质量关应从以下几点考虑:一是选择耐藏品种。果实不同品种之间的耐藏性往往差别很大,一般规律都是晚熟品种比早熟、中熟品种耐贮藏,中熟品种比早熟品种耐贮藏。二是重视田间栽培质量。三是掌握好采收成熟度。四是果实采收环节要求避免各种损伤,包括擦、摩、刺、挤、压、碰等。破伤不仅造成商品感官方面的欠缺,而且为病原微生物侵染致病提供了突破口。

11. 如何防止果实贮藏中的"出汗"和"结露"?

果实贮藏时,如果在贮藏窖、库中堆大堆贮藏苹果、山楂等,或采用200~300千克装的大箱贮藏苹果、梨等,有时可以看到堆或箱的表层产品湿润或有凝结水珠。还有采用塑料薄膜帐、袋封闭气调贮藏果实时,有时会看到薄膜内表面有凝结水珠,这种现象即所谓的"出汗"和"结露",统称为凝水。

凝水原因是贮藏环境中空气温度降至露点以下,过多的水分会从空气中析出,大堆或大箱中贮藏的果实会因产品呼吸放热,堆、箱内不易通风散热,使其内部温度高于表面温度,形成温度差,这种温暖湿润的空气会在堆、箱表面达到露点而凝水。采用薄膜封闭贮藏时,会因封闭前预冷不透,内部产品的田间热和呼吸热使其温度高于外部,这种冷热温差便会造成薄膜内凝水。温差愈大,凝结水珠也愈大。

凝水不仅造成贮藏环境湿度偏高,而且凝水一旦滴落到果实表面，便有利于病原微生物的侵入、传播和孢子萌发，导致果实病腐损失加重。所以，贮藏过程中要尽量避免库温较大或较频繁的波动。塑料薄膜气调冷藏的果实，须充分预冷后才能装袋、封帐，防止袋、帐内外出现较大温差。

12. 什么是水果的冷害？冷害的症状有哪些？如何控制冷害的发生？

水果在0℃以上的低温中表现出生理代谢不适应的现象，称为冷害。水果受冷害后，组织内变黑、变褐和干缩，外表出现凹陷斑纹，有异味，一些表皮较薄、较柔软的果品，则易出现水渍状的斑块。

控制冷害的措施有以下几点：一是适温贮藏，根据不同果品品种耐受低温的限度和时间，找出最适宜的贮藏温度，以避免冷害。二是气体控制，环境气体中氧浓度过高或过低都会影响冷害的发生，为避免冷害，氧浓度以7%为宜。同时，一定浓度的二氧化碳对冷害起抑制作用。三是逐步降温，对水果采用逐步降温和提高水果成熟度的措施，也可降低对冷害的敏感。

13. 什么是水果的冻害？如何防止冻害的发生？

水果在0℃以下(或在水果冰点温度以下)因冻结而造成的损害称为冻害。贮藏过程中发生冻害大致有2种情况：一是贮藏环境绝对温度过低。二是由于忽冷忽热，温差太大所致。如红香蕉苹果的冰点为－3.3℃；国光苹果果肉冰点为－2.7℃～－3.4℃，果心冰点为－2.4℃～－3.3℃。因此，当苹果果实较长时间置于－3℃～－5℃环境时，易发生冻害。

深冬时节没能及时在库门、风孔处加置防寒遮盖物，或冷库风机口没留出适当距离或不加盖遮盖物，是水果受冻的常见原因。为此，在贮藏期间，特别在“三九”后，保管员应及时了解气候变化情况，采取相应措施。

14. 果品贮运病害发生的基本因素有哪些？

果品贮运病害发生的基本因素主要有病原、果实本身的抗性和环境条件。

(1)病原 引起果实贮运病害的病原可以分为两大类，即生物性病原和非生物性病原。生物性病原又称为病原物，也就是引起植物病害的生物，它导致侵染性病害的发生。病原物具有寄生性、致病性和传染性等特点。非生物性病原导致生理病害，它的特点是非传染性，病害的发生无侵染过程。

果实贮运病害的病原物包括真菌、细菌、病毒、寄生线虫、类原核生物等，但以真菌和细菌最为常见。非生物病原包括各种不适宜的物理、化学和环境因素，如营养物质过量或缺乏、气体成分不适宜、温度过高或过低、光线太强、湿度过高或有害物质的侵染等。

(2)果实本身的抗性 果实本身的抗性又称抗病性，它是指果实抵御病原侵袭的能力。

(3)环境条件 环境条件主要包括温度、湿度、光照、其他大气条件等非生物条件以及人、动物、其他微生物等生物条件。只有当环境条件适宜时，病原才有可能对植物体造成危害。环境条件可直接影响病原物，促进或抑制其生长，也可以影响植物体本身，如增强或削弱它对病原的抵抗力。

15. 采前哪些因素导致果实非传染性病害的发生？

导致采前果实非传染性病害发生的因素主要有以下几方面。

(1)营养失调 植物营养失调是指植物所需营养元素的过量或缺乏，或元素间比例不平衡，影响植物体的正常生理代谢。植物体所需的营养元素主要包括氮、磷、钾、钙、镁以及硼、铁、锰、锌等几十种必需元素和微量元素。在各种矿物质营养中，氮、钙、硼等营养的失调所导致的采后生理性病害较为常见。实践证明，施用氮肥过多的果园，往往造成果实色泽差且质地松软，果实代谢强度增加但品质降低，贮藏期间生理性病害发生严重，果实贮藏寿命较短。

(2)水分失调 水分在植物体的正常生理活动中起着重要的作用。植物体水分含量一般在80%以上，水分过多或缺乏，常引起果品的各种不正常变化，灌水过多，常使果实水分含量增加，水果的膨压往往增大，易受到各种机械损伤。红枣采收期的裂果与同期降水有密切的关系。水分缺乏，使果实发育不良，在柑橘上表现为果皮增厚，采后易发生“浮皮”病。生长期水分供给不均匀，如先旱后雨或灌水，常造成果实的生长性开裂，如大枣、葡萄等的裂果。在柑橘的果皮特别是白皮层生长阶段，这种干旱后多雨及高温综合影响，可使果皮的结构疏松粗糙，贮藏中也易发生浮皮病。

(3)气候因素 气候因素是促发生理性病害的重要因子之一。即使在相同的栽培条件下，由于气温、降雨、光照等条件差异使生理性病害发生的程度在不同年份显著不同。在高温干旱年份，洋葱鳞片易发生半透明状，多发生在洋葱头的内部，短缩茎上无症状，切口表面湿润，无白色不透明组织，这样的洋葱不宜作长期贮藏。

16. 采后哪些因素导致果实传染性病害的发生？

导致采后果实传染性病害发生的因素主要有以下几方面。

(1)低温伤害 低温伤害包括冷害和冻害，详见第十二、十三问。

(2)湿度因素 贮藏环境的湿度状况与果实某些生理性病害的发生密切相关。例如,长期贮藏在高湿下的温州蜜橘,果皮与果肉分离并出现空隙,即发生浮皮。

(3)贮藏环境气体成分不适宜 空气中各种气体成分含量是相对稳定的。一般二氧化碳占0.03%,氧占21%。当采用气调贮藏和简易气调贮藏时,贮藏环境中的氧浓度要低于正常空气,而二氧化碳浓度要高于正常空气。贮藏环境的气体成分不适宜,主要是指二氧化碳浓度过高或氧浓度过低。果实种类不同,要求适宜的氧和二氧化碳的浓度一般也不同。若二氧化碳浓度过高,常导致高二氧化碳中毒,氧浓度太低,也会出现低氧伤害。

研究表明,不同的果实种类和品种,对二氧化碳的耐受力有很大差异。苹果在低温下对二氧化碳更敏感。就不同采收期而言,早采的果实可能引起较重的果皮"烫伤",晚采收的果实,多倾向于果肉损伤。刚采收或在贮藏前期的苹果,对高二氧化碳不太敏感,但到贮藏后期或已经衰老的果实对二氧化碳非常敏感,此阶段的高二氧化碳可能导致大量腐烂和严重的果皮"烫伤"。在相同的二氧化碳浓度下,同一品种果实,大果实比小果实更易受伤害,这与气体扩散阻力有关。

二氧化碳伤害最明显的特征是果实产生褐色斑点或凹陷。马铃薯和苹果受二氧化碳伤害后褐变,或果心与果皮同时褐变往往产生褐心,有的也发生果皮受害组织的水分很容易被附近组织消耗,使受害部分出现空腔。

柑橘受二氧化碳伤害后,常出现果皮浮肿、果肉变苦和腐烂;高浓度二氧化碳能抑制番茄红素的形成。因此,可抑制绿熟番茄转红,但当二氧化碳浓度超过一定的限度,则会使番茄受到伤害。受害初期的症状是果实表皮出现白点或凹陷斑痕,进一步变为褐色,斑点直径大小不等,严重时会使果实组织大面积下陷,果实变软,迅速坏死,并产生浓厚的酒精味。

大多数果实在气调贮运时，要求氧浓度不能低于2%，否则会因供氧不足发生缺氧呼吸而造成低氧伤害。低氧伤害与高二氧化碳伤害的症状比较相似，受害的果实表皮产生局部下陷和褐色斑点，有的不能正常成熟，并有异味。柑橘受低氧伤害后产生苦味，表现浮肿，柑橘皮由橙色变为黄色，或呈现水渍状。

(4)有害物质毒害 果品贮运中常见的有害物质既包括果实自身产生的代谢物，如乙醇、乙醛、乙烯等，也包括外界人为造成或引入的物质，如乙烯、二氧化硫、氨、工业烟雾、各种杀虫剂或杀菌剂的使用不当。果实贮运中产生的二氧化碳、乙醇、乙醛常引起果实组织褐变、腐烂，果实产生的乙烯或外源乙烯可促使果实过快衰老和品质劣变。在生长期间，大气中的二氧化硫、工业烟雾及不适当地施用各种药剂对果品可直接造成伤害，如皮层组织坏死等。最常见的为采前不适当施用农药、植物生长调节剂或采后药剂浸泡或熏蒸处理而产生的药害。果实贮运过程中，用于库房和包装材料消毒或直接用作防腐保鲜剂的二氧化硫，也常散发或残留于仓库或包装中，如积累浓度过高，常发生二氧化硫中毒。二氧化硫可破坏植物组织的色素，如葡萄二氧化硫中毒后，常出现“漂白”现象。有些果品对二氧化硫反应较敏感，更应引起注意，比如梨果皮对二氧化硫比较敏感，所以，在梨入库贮藏前，用二氧化硫消过毒的贮藏库应彻底通风，防止残留的二氧化硫对梨果实造成伤害。用外源乙烯作为催熟剂，若使用不当，也将对果品产生危害，常使产品表现为外部暗淡变褐或出现斑块，如乙烯常诱发甜橙褐斑病的发生。不少果实对乙烯比较敏感如猕猴桃，贮藏场所中较高的乙烯浓度会加速生理性病害的发生。

在以氨作制冷剂的机械冷库中，由于氨泄漏，常使果实发生氨伤害。轻微受氨伤害的果实，开始表现为组织发生褐变，进一步使外部变为墨绿色。在苹果和梨上的症状为组织产生退色凸起，受害严重时内部组织退色，而且明显变软。不同果实种类，对氨的敏感性有很大差别。苹果、梨、香蕉、桃等在氨浓度为0.8%时经1小时就产生严重的伤害，而扁桃、杏在此浓度下只要半小时就开始出现伤害。在贮藏库内，氨的浓度达到0.01%(人刚能够闻到气味)，美国产的大核桃只要15分钟就完全变黑，而扁桃外皮则需1小时变黑。在果品中桃对氨气是特别敏感的。

17. 为什么说果实田间病害和贮运病害密不可分?

果实田间病害和贮运病害是密不可分的。据调查发现，多数采后病害和田间病害是同一个病原菌。如果腐病、灰霉病、软腐病、疫病、绵腐病、炭疽病等，发生这些病害的地块收获的果实往往带有大量病原菌，虽然收获时看不出有病，但很可能病菌已侵入而暂时处于潜伏状态，这种果实采收后则大量发病。也有的病原菌如根霉在田间不引起病害，只在采后引起腐烂，但这种病原菌在田间也可大量繁殖。据试验，在番茄采前5～6周喷杀菌剂，接着在采前18～20天喷第二次，或在采前每隔2周喷1次杀菌剂，连续处理3次，可以防止田间真菌在死亡或衰老的叶片上繁殖，能有效地控制番茄采后果腐病的发生。在甜椒收获前喷洒适当的杀菌剂，也可有效地减少采后根霉菌引起的腐烂。因此，采前防病与采后病害的发生密切相关，即使对田间不致病，只在采后危害的病害，收获前减少田间病原菌密度的措施也同样有效。

采前防病应采用各种保证果实健壮生长的综合栽培措施，包括选择栽培抗病耐藏品种、做好田间卫生管理、选择适当的药剂防治等。收获时应选择植株健康的地块采收，而不能从有病地块中挑选没病或没伤的果实贮藏，以确保入贮产品不带病或少带菌，这一点一定不能忽视。

18. 果品贮藏经常使用的药物有哪些？

(1)氯气(Cl_2) 氯气是一种黄绿色并具有极强刺激气味的有毒气体。它比空气重，约为空气的2.5倍，较难溶于水，易溶于酒精、醚和氯仿等有机溶剂，并呈现特殊的颜色。氯气对生物具有毒性及腐蚀作用。氯气溶解在水中以后，还会生成一种很不稳定的次氯酸，遇光或受热会放出初生态的氯，具有漂白和消毒杀菌的作用，在果蔬贮藏中主要用作消毒防腐剂。在气调贮藏时，利用橡皮球胆的弹性和耐蚀性，在帐内气体循环过程中，每天或隔天通入一定量的氯气，可以抑制帐内病菌的滋生和繁殖，效果较好。氯气对人体呼吸器官的黏膜有刺激作用，少量吸入时会引起咳嗽，大量吸入时，便会使胸部疼痛以至窒息。因此，使用时一定要注意安全和防护。

(2)氢氧化钠(NaOH) 氢氧化钠又名苛性钠、烧碱，是氧化钠的水化物。它是白色固体，极易溶于水，溶解时能放出大量的热。氢氧化钠易吸收空气中的水分并逐渐溶解，这种现象叫做潮解。其水溶液具有强碱性，有涩味和滑腻感，对人的皮肤和棉织品有强烈的腐蚀作用，氢氧化钠能与酸或酸性氧化物作用生成盐和水，还容易吸收空气中的二氧化碳，逐渐变成碳酸钠，它可作为二氧化碳的吸收剂，用于测定水果和蔬菜的呼吸强度。测定果蔬呼吸强度时，将一定浓度的氢氧化钠溶液放在小烧杯内，再放进玻璃干燥器中，使其吸收果蔬呼吸放出的二氧化碳，然后用已知浓度的盐酸滴定过剩的氢氧化钠，可以计算出水果的呼吸强度。采用仪器测定二氧化碳气体时，可用20%～30%的氢氧化钠溶液作二氧化碳吸收剂。在使用中，应防止与人体皮肤和衣服直接接触，避免因腐蚀造成伤害和损伤。

(3)氢氧化钙[$Ca(OH)_2$] 氢氧化钙是氧化钙的水化物，由生石灰与水化合而成。这一过程实质上是生石灰的消化(也称熟化),所以氢氧化钙又名消石灰(或熟石灰)。它是一种白色粉末,微溶于水,它的水溶液称为石灰水。石灰水具有腐蚀性,能破坏动植物纤维,但腐蚀作用较氢氧化钠弱。将二氧化碳通入澄清的石灰水里,能生成乳白色的碳酸钙沉淀,而使溶液变得浑浊。所以,石灰水不能放在开口的容器内。氢氧化钙具有较好的吸收二氧化碳的能力,而且价格较低,在果蔬贮藏中常用来吸收二氧化碳及吸湿。在容积为 40 米^3 左右的气调贮帐内,一般放入 10 千克左右的氢氧化钙,以吸收果蔬呼出的二氧化碳,使帐内二氧化碳浓度保持在较低的范围内。如果测定中发现二氧化碳不断上升,很可能是氢氧化钙失效了,应及时拆帐检查和更换。

(4)漂白粉[$Ca(ClO)_2$] 将氯气通入氢氧化钙就可制得漂白粉。它有强烈的氯气气味,微溶于水,能吸收水分,并能缓慢分解放出氯气,受热时会分解成氯化钙和氧而失效,要密闭贮存于干燥、阴凉处,不能与酸类、易燃物存放在一起。当漂白粉与水作用时,则生成次氯酸,可以用来漂白和杀菌。漂白粉的水溶液是一种价格便宜、效果显著的杀菌剂,可作为贮藏室以及各种容器和工具的消毒用。将 0.5 千克漂白粉倒入约 100 升的水中,配成浓度为 0.5%的溶液,用来洗涤包装、用具等,可以收到消毒防腐的效果。将漂白粉放入试剂溶液瓶底部,然后将盐酸从架形分液漏斗一滴一滴地滴入瓶中,盐酸与漂白粉缓慢反应释放出氯气。在试剂溶液瓶的另一开口处,用橡皮管连接气调贮藏帐的袖口,这样,氯气就可以源源不断输入帐内。

(5)高锰酸钾($KMnO_4$) 高锰酸钾又名过锰酸钾、灰锰氧,是一种有金属光泽的黑紫色针状结晶,味甜而涩,相对密度为 2.7,溶于水,水溶液为紫红色。它是一种强氧化剂,遇有机物时即将有机物氧化,而本身则被还原成为灰棕色的二氧化锰。高锰酸钾与水能发生水化反应,放出原子态氧,杀菌力强。高锰酸钾主要用来熏杀霉菌，吸收乙烯等。用于贮藏室熏蒸时，先将高锰酸钾放在瓷碗内，再加入甲醛溶液，就迅速产生出一种刺鼻的气体，贮藏室密封 2 小时后，即可取得相当的杀灭病菌的效果。用于吸收乙烯时，可用碎砖或泡沫塑料作载体，吸收 2.5 千克 5%的高锰酸钾溶液后，放入容积为 4 $米^3$ 左右的气调贮藏帐内，水果后熟中产生的乙烯气体与载体接触，就会被吸收，可降低乙烯浓度，延缓水果后熟。

(6)无机硫化物　主要是二氧化硫和亚硫酸盐，为广谱性杀菌剂。但大多数果蔬不能耐受二氧化硫达到控制病害、腐烂的浓度，目前主要用于葡萄保鲜，美国加利福尼亚州从 1928 年起使用二氧化硫处理葡萄至今。

二氧化硫和亚硫酸盐在有水条件下形成亚硫酸（H_2SO_3），其具有较强的杀菌作用。将亚硫酸氢钠或焦亚硫酸钠，加入 25%～30%干燥硅胶，装成小袋，亚硫酸氢钠按葡萄鲜重 0.3%的剂量，或制成两段二氧化硫发生纸，第一阶段二氧化硫发生纸，在葡萄包装后 1～2 天快速释放二氧化硫，浓度达 70～100 微升/升，杀死表面各种病原菌。3～7 天后更换为第二阶段缓释二氧化硫纸，可使二氧化硫浓度维持在 10 微升/升左右。

当温度一定时，湿度对亚硫酸盐释放二氧化硫影响很大。贮藏后期包装箱吸水变潮，吸收、消耗二氧化硫，使葡萄表面的二氧化硫有效浓度降低。因此，保鲜袋内不宜加入吸湿板、湿度调节膜等，甚至药片塑料包装优于纸质包装。

三、果品产地贮藏保鲜的设施条件

1. 果品堆藏如何进行管理?

堆藏是将果实直接堆积于地面上,然后进行覆盖以防寒保温的一种短期贮藏方式。一般不需要特殊设备,所用覆盖物可以因地制宜、就地取材。

堆藏以选择地势较高处为宜。堆码方式一般是装筐堆码4～5层或装箱堆码6～7层,堆成长方形。堆垛时要注意留出通气孔道,以利于通风降温和适当换气。天冷后用草苫、苇席等覆盖,刚开始贮藏时白天气温较高,可在白天覆盖,晚上打开通风降温,当果实温度降至接近贮藏室温后,应随外温下降逐渐增加覆盖物,以防贮藏的水果出现冷害或受冻。

堆藏的特点在于不需特殊设备,堆积方便,但此方法受外界温、湿度环境影响较大,失水、腐烂损耗较多,一般只作为应急或短期贮藏。

2. 果品沟藏如何进行管理?

沟藏是充分利用土壤保温、保湿性进行贮藏的一种方法。果品沟藏一般是从地面挖一深入土中的沟,其大小和深浅主要根据当地的地形、气候、贮藏果实的要求和贮藏数量等来决定,然后将果实堆积其中或按一定顺序摆放其中,随外界气温降低,用秸秆或塑料薄膜加土覆盖,覆盖厚度以恰能防冻为止。如烟台苹果的沟藏，选择背风处挖沟，沟深 0.6～1 米、宽约 1 米，长度随贮果量和场地大小等情况而定。

果品沟藏一般分为 3 个时期，即贮藏前期(10 月份至 12 月中旬)、中期(12 月下旬至翌年 2 月中旬)和后期(2 月下旬至 4 月上旬)。管理的宗旨分别为前期降温、中期保温、后期降温并维持低温。

覆盖技术是沟藏成败的关键，必须根据气温变化分次覆盖。覆盖过厚，贮藏的水果温度太高，易造成腐烂，覆盖薄了会使之受冻也不利于贮藏。

沟藏的特点是在晚秋至早春可充分利用低温，在不同地区通过调整沟深、沟宽和合理覆盖管理来创造适宜不同果实需要的贮藏温、湿度环境。所需设备简单，可就地取材，成本低。沟藏存在的主要问题是：在贮藏初期和后期的高温不易控制，整个贮藏期不易检查贮藏产品，挖沟需占用一定面积的土地。

3. 果品窖藏如何管理？

贮藏窖的种类较多，其中以棚窖和井窖较为多见。前者在北方应用较多，主要用于贮藏北方水果和蔬菜，后者以四川南充贮藏柑橘的井窖较为常见。这些窖多根据当地自然、地理条件的特点而建造。它既能利用稳定的地温，又可以利用简单的通风设备来调节和控制窖内温度。果品可以随时入窖、出窖，并能及时检查贮藏情况。

(1)棚窖 棚窖是一种临时性的简易贮藏场所，形式多种多样。棚窖每年秋季建窖，贮藏结束后用土填平。棚窖一般选择在地势高燥、地下水位低和空气畅通的地方构筑。窖的大小根据窖材的长短及贮藏量而定，一般宽 2.5～3 米，长度不限。窖内的温、湿度是依靠通风换气来调节的，因此建窖时需设天窗、窖眼等通风结构。天窗开在窖顶，宽 0.5～0.6 米，长形，距两端 1～1.5 米。窖眼在窖墙的基部及两端窖墙的上部，口径为 0.25 米×0.25 米，约每隔 1.5 米开设一个。

窖内温度变化主要是根据所贮产品的要求以及气温的变化，利用天窗及窖门进行通风换气来调节和控制的。窖内湿度过低时可在地面上喷水或挂湿麻袋来进行调节。

(2)井窖 我国四川普遍采用井窖大量贮藏果品。井窖一般修建在地平面以下，形似“三角瓶”，用石板盖上窖口后，密闭性能好，窖内温度较低，空气湿度较大，贮藏果品腐烂较少。

井窖的缺点在于容量小，操作不便，为了集中贮藏、方便管理，一般挖群窖。另外，井窖通风较差，所以对于采后呼吸速率较高，能放出大量二氧化碳和乙烯等气体的果实来说不适宜。

4. 土窑洞贮藏果实如何管理?

土窑洞贮藏果实科学利用了土壤的保温性能，结构简单，建造费用低，建筑速度快，由于窑洞深入地下，受外界气温影响小，温度较低而平稳，空气湿度较高，贮藏效果较好。

(1)土窑洞的结构特点 土窑洞一般选择坐北朝南、地势较高的地方，窑门向北，以防阳光直射。窑门宽 1～1.4 米、高 3.2 米、深 4～6 米，门道由外向内修成坡形，可设 2～3 层门，以缓冲温度，最内层门的下边与窑底相平。窑身一般长 30～50 米、高 3～3.5 米、宽 2.5～3.5 米，顶部呈圆拱形，窑顶上部土层厚 5 米以上。靠窑身后部在窑顶修一内径为 1～1.2 米的通风孔，通风孔高出窑顶 5 米以上，再靠底部挖一气流缓冲坑。通风孔内径下大上小，以利于排风，通风孔粗细高矮与窑身长短有关，一般通气孔高（从窑顶部起）为窑身的 1/3 左右，如通气孔难以加高，可考虑用机械排风。

(2)土窑洞的管理 土窑洞的结构为良好保温和有效通风创

造了条件，而科学的控制通风、温度和通风时间则是管理的核心，也是贮藏成败的关键。

果实采收后，一般散堆于窑内，或将果实堆于秸秆上，底部留有通风沟，以利于通风散热。

①入窑初期　管理的中心是降温，充分利用夜间低温进行通风降温。降低窑温应从入窑前开始，当果实入窑时，窑内已形成了温度较低的贮藏环境。白天关闭窑门和通气孔，夜间打开。此时果实温度高，窑温也高，通风量大且时间长。随窑温和果温下降，通风温度逐渐接近果实所需的适宜贮藏温度，通风时间相对缩短，使果实温度和窑温稳定在适温范围内。

②冬季管理　此期管理的核心是保温防冻。经过前期的降温，果实温度和窑温都稳定在贮藏的适宜温度范围，此期要降低通风量，并依据果实温度和外温严格选择适宜通风温度和通风时间，此期通风量要小，天气太冷时要严格封闭门窗和通气孔。

③春季管理　此期管理中心是防止窑温回升，严封通气孔和门窗，选择夜间低温时适量通风，尽量维持窑内果实的低温，控制好窑温就为延长贮藏期创造了条件。

5. 通风库贮藏果实怎样管理?

通风库较棚窖和土窑洞的建筑改进了一步，一般为砖木结构的固定式贮藏场所，它有较完善的隔热建筑和较灵活的通风系统，操作比较方便。我国各地发展的通风库一般长 30～50 米、宽 5～12 米、高 3.5～4.5 米，面积 250～400 米^2。库顶有拱形顶、平顶和脊形顶。通风库的四周墙壁和库顶都有良好的隔热效能，达到保温的目的。

通风库是在棚窖的基础上发展来的，形式和性能与棚窖相似，但较棚窖的保温和通风性增强了，贮藏面积、贮量增大了。因均是靠自然冷源来调节和控制库温的，所以管理的基本原则与棚窖、土窑洞一样，只是管理的效果比两者都提高了。

6. 强制性通风库贮藏果实怎样进行管理？

强制性通风贮藏库是北京市农林科学院的专利技术，即在通风贮藏库基础上增加了强制通风设施。其特点是将贮藏空间纳入通风系统，并通过强制通风，极大地提高了通风效果，更有效地利用了外界温度变化，提高了贮藏效果。

强制通风系统由风机、风道、风道出口、匀风空间、贮藏空间和出风口组成。风机和风道的大小依据贮藏场所的大小而定。

强制通风贮藏库的管理很简单，整个贮藏期唯一的管理就是开关风机按钮，依据外界温度和果温的变化，选择适宜外界温度打开风机通风，调节库内适宜的温、湿度条件。当外界温度不适宜时，则要关闭风机，使库内与外界隔离，依靠库体严格良好的保温性能，保护贮藏物在适宜温度范围。此技术依靠其科学地堆码密度，保持了果实贮藏中所需的湿度条件，避免了其他通风库湿度小的问题，并依据通风间隔时间长短，有力地控制了库内的气体环境。该技术将通风贮藏中复杂的管理简单化，1～2 人即可管理一个库群，为产地集中大量贮藏创造了技术条件。此技术操作简单、省工、省时，较普通通风库贮藏的质量好，贮藏时间长。但该方法也是利用自然冷源来调节库温的，因此仍受自然温度的限制，当外界最低气温都高于果实贮藏所需的温度时，就应及时结束贮藏。

7. 如何利用冰窖进行果实的简易低温贮藏？

利用天然冰作为冷源贮藏水果是我国北方传统的贮藏方式之一。冰窖大多为地下式，窖底有排水沟通到窖外的井内，以便排除冰块融化的水。严冬季节取天然冰堆藏在冰窖内封藏，一般贮至春夏季用于果实的贮藏。

(1)冰窖的特点 建冰窖要选择地下水位低、土质坚实、地势较高燥的场所，窖的深度一般在地下3～4米，长度和宽度则视贮量和地形而定，多为长方形，长15～20米、宽6～7米，临时窖的窖壁不另砌墙壁，就用土墙，因此土质要黏结。永久性窖的窖墙和窖顶用灰、砖砌好。

(2)冰窖贮藏技术 果实入窖时，打开冰窖、挖开冰槽将果筐置于冰槽中，埋上碎冰块，也有将冰和果实按一层果一层冰堆好进行贮藏的。它的特点是借冰块融化的吸热作用降低果实的温度。冰窖内湿度大，有利于果实贮藏。其主要缺点是取冰和搬运贮藏冰都较费工，而且适宜冰藏的果实较少，因此冰窖贮藏只限于北方的部分地区。

8. 机械冷藏库有哪些特点?

机械冷藏库是具有良好隔热结构，安装了制冷机械，能人工调控环境温度，以满足不同果实贮藏要求的一种标准贮藏设施。它不受地区、季节和气候限制，一年四季均可使用，可根据不同种类、不同品种果实的要求，调控不同的适宜贮藏温度，且应用范围较大。虽建设投资大，消耗电能，贮藏成本高，但由于贮期较长、产品质量好、损耗低、使用年限长，在发展农业产业化和高效农业的今天，已被普遍认识和接受，尤其在农村，目前已逐渐成为果蔬贮藏保鲜的主体设施。

机械冷库建造除要求结构建筑坚固、耐久外，特别要注重库体的隔热和防潮处理。要选择隔热性能好的保温材料，除传统使用的锯末、稻壳、珍珠岩、软木板之外，现今多采用聚苯乙烯泡沫塑料板，即通常所说的苯板，贴装或聚氨酯现场发泡喷布。为确保隔热材料能发挥作用，必须同时做好防潮隔气，因为隔热材料要求干燥，一旦吸湿、受潮，隔热性能将会降低。冷藏库使用过程的内外温差较大，水蒸气的分压差也大，水气总是由热壁面向冷壁面渗透、扩散。所以，必须在隔热材料的两侧做好防潮处理。一般选用沥青油毡、树脂黏胶、金属箔、钢板来做防潮层，最简单、省钱的是用厚0.1毫米左右的塑料薄膜。

冷库制冷机主要用氨压缩机组和氟利昂压缩机组，一般100吨以上的冷库须选用氨机制冷。氨机制冷能力大且氨液便宜，但机械结构复杂，机体占地面积大，管理不便自控，需人工昼夜值班管理。氟机制冷适合100吨以下的微小冷库。结构简单，机体占地小，管理方便，可像家庭冰箱一样自动控制，不需专人昼夜监护。但氟机制冷能力小，氟液价高，且将逐渐被无氟制冷机所取代。

9. 冷藏果品如何避免库温波动?

果品冷藏期间要保持库内低而稳定的温度，避免库温经常波动，或较大幅度波动，以维持贮藏果实缓慢而正常的呼吸代谢活动。贮藏期间库温波动，会造成果实呼吸作用增强，加速体内代谢分解，促进了营养物质消耗，缩短贮期，降低了贮藏质量。另外，库温经常波动，会造成薄膜包装内结露凝水，加重病腐损耗。特别是较大、较频繁的温度波动，其影响很大。具体管理措施包括：一是冷库建设要做好隔热保温，匹配好制冷设备。二是管理上及时除霜，每次除霜时间尽量短，减少除霜时升温太高。三是进货、出库要快，整理、包装作业应在包装间进行，库内减少照明灯。总之，维持贮藏期间稳定的库温对保鲜很重要。

10. 果品冷藏时如何利用仪表进行库温测定？

温度是冷藏果蔬需要严格调控的首要条件。这就要求库温测定仪表要准确无误，生产中使用家庭用的寒暑表、酒精温度表（红色液柱）和普通干湿球温度计，精度太低，不适合冷库测温用。目前，冷库机房配电控制箱安装的电子或电脑测温表，测温灵敏，读数显示清晰，精确度也可以，可以作为调控库温的依据。但这种测温仪表使用时间长了，有失灵或失真的情况，遇有上述情况，将给管理上带来很大风险，容易造成产品受冻或受热。所以，最安全、稳妥的做法是同时购置几支精密水银温度计，刻度为 1/5～1/10，放在库内与电子测温的感温棒一起监测库温，同时插在贮藏箱（或堆）内，检测果蔬的品温，以确保库温测定、管理准确可信。一般刻度为 1/1～1/2 的普通水银温度表最好不用。用在温室、塑料大棚中的自记温度计更不能用在冷库测温，因其精确度不够。

11. 库房贮藏果实如何进行消毒处理？

果品贮藏库、窖等场所在使用之前，尤其是使用过的库、窖必须彻底进行清扫，清除杂物，扫净垃圾和尘土。对墙体、地面、贮架、包装容器、工具器材等进行洗刷，以确保其清洁卫生。同时，要对库、窖环境进行消毒杀菌处理，经常使用的消毒方法有以下几种。

(1)漂白粉消毒 漂白粉是普遍应用的一种消毒剂，它是由氢氧化钙吸收氯气制得，为灰白色或淡黄色粉末，有味，具有强腐蚀性，稍能溶于水，在水中易分解产生氯气而具灭菌作用。市售产品多为含有效氯 25%～30%的漂白粉和浓缩漂白精。使用方法：一是配成浓度为 0.5%～1%的水溶液，喷洒库房或洗刷墙体、地面、器具。二是可将漂白粉直接撒放在库、窖地面，使其自然挥发，熏蒸灭菌。

(2)硫磺粉消毒 硫磺粉的主要成分为二氧化硫，淡黄色粉末，是一种强氧化灭菌剂，对霉菌类杀灭效果显著。使用方法是燃烧烟雾熏蒸，用量为每立方米空间用10～15克硫磺。在库、窖地面分布几点，混拌锯末等易燃材料点燃成烟后，密闭24～48小时，然后打开库、窖门，充分通风。熏蒸时人员必须撤出。

(3)过氧乙酸消毒 过氧乙酸又称过氧醋酸，是一种无色透明、具有强烈氧化作用的广谱杀菌剂，对真菌、细菌、病毒等均有杀灭作用，腐蚀性较强，使用分解后无残留。使用方法是将市售过氧乙酸甲、乙液混合后，用水配成0.5%～0.7%的溶液，按每立方米空间用500毫升，倒在玻璃或陶瓷器皿中，分多个点放置在库内，或直接在库内喷洒，并注意不能直接喷到金属表面，密闭熏蒸。也可用市售20%的过氧乙酸，按每立方米空间用5～10毫升，配成1%水溶液来喷雾。密闭熏蒸12～24小时后，再通风换气。使用时注意不要喷到人体上，要做好人体防护。

(4)二氧化氯消毒 该剂为无色、无臭、透明液体，具强氧化作用，对细菌、真菌、病毒均有很强的杀灭和抑制作用。市售溶液浓度为2%。使用时每立方米库内空间用1毫升原液，加0.1克(1/10比例)柠檬酸晶体，经10～30分钟溶解活化后，进行库间喷雾，密闭熏蒸6～12小时，可开库通风。

(5)乳酸消毒 该剂为无臭、无色或黄色浆状液体，对细菌、真菌、病毒均有杀灭和抑制作用。使用时将80%～90%的乳酸原液与水等量混合，按每立方米库内空间用1毫升混合液，置于瓷盆内，用电炉加热，使之蒸发，关闭电炉，密闭熏蒸6～12小时，再开库通风。

(6)其他消毒剂 除上述药剂方法外，还可用1%新洁尔灭、2%过氧化氢、2%热碱水、0.25%次氯酸钠等药剂进行喷洒熏蒸，或洗刷墙石、地面和贮架。

12. 产地农民如何建造低成本的微(小)型冷藏库?

微、小型冷库是指 100 吨以下贮量的冷库。目前各地普遍开发建设的是以 100～120 $米^3$ 容积、贮量 10～20 吨的产地农民建设的微型冷库。可辟地新建,也可旧房改建,建设投资仅需 3 万～4 万元,一般是土建和设备投资各占约一半。土建部分是砖混结构,平面面积需 30～40 $米^2$(长宽比例为 4∶3 或 3∶2),高度 3 米以上,开口安装一个 1.8～2 米×0.8～1 米保温库门和一个 0.5 米×0.5 米通风保温窗(一般应在库门对端墙体上 3/4 处)。隔热保温层的做法,多数是选用每立方米 15 千克以上容重的聚苯乙烯泡沫板,在库内侧粘贴,为避免接缝处漏热,应采取 50 毫米或 60 毫米厚的苯板 3～4 层错缝(每层将接缝错开,彼此压缝)贴,一般地坪和墙体需 3 层苯板,库顶内贴 4 层。为防潮隔汽,苯板两侧须用油毡沥青或塑料薄膜等防水材料阻隔,再在隔热防潮层的内侧用砖、铁板等做防护层,以免损伤隔热防潮层。冷库须在库门端构设一个约 2 米宽的缓冲间,兼作机房。制冷机组须选开启、半封闭或全封闭,F-22 压缩机组,在冷库内吊装冷却蒸发器。全部配电一般不超过 5 千瓦 (380 伏三相电),装设在机房内的配电盘内应装置电子或电脑测温仪表,以及手控或自控除霜开关。全部建设时间仅需 1～2 个月。微型冷库也可建得稍大些,但一般采用氟机不应超过 500 $米^3$ 容积。微型冷库类似家庭冰箱,全部自动控制。根据贮藏产品所需要的温度范围,设定库温控制上、下限,即可自动启动、关闭,不必专人 24 小时监护,方便省事,随用随开,不用关掉,深受缺少科学技术农民的欢迎。

微型冷库适合产地农民搞自种、自贮、自销的产贮销一体化经营管理。可就地就近、快速入贮,保鲜质量好、贮藏损耗少,管理成本低，经济效益好，1～2 年即可收回建设投资。目前，各产区农民主要用来贮藏葡萄、梨、苹果、桃、李、樱桃、猕猴桃、蒜薹、青椒、甘蓝、花椰菜等果蔬，发展势头很好。

13. 如何正确使用气调库?

气调库(即 CA 库)是当代贮藏设施的高级形式，发达国家普遍用其贮藏苹果、洋梨等气调保鲜效果明显的果品。气调库库体建设不仅要求隔热、保温、防潮，而且要求能阻隔气体，要求较高的气密性，以维持库内所需的氧和二氧化碳的浓度，并在库内气压变动时，库体能承受一定的压力。气密层通常采用镀锌铁板、薄铁板焊接密封，也有采用高密度胶合板，铝箔夹心板来黏合密封。现多采用聚苯乙烯泡沫塑料或聚氨酯泡沫塑料做夹层的铝合金(或钢板)预制夹心板。可同时起隔潮、隔热、隔气 3 方面作用，可以阻隔 40℃温差。其气密性达到库内外 1.33 千帕的正压或负压时，30 分钟内不恢复到 0，即为合格。

气调库内的气体成分要靠气调设备来调节，主要是降氧和二氧化碳脱除设备。降氧设备从初级到高级 4 种类型是燃烧式制氮机、碳分子筛制氮机、中空纤维膜制氮机和裂解氨制氮机。二氧化碳脱除设备主要用活性炭吸附洗脱，也可用氢氧化钠水溶液洗脱，还可用硅橡胶膜过滤来洗脱，最简单的是用氢氧化钙吸收。

气调库能根据不同果蔬的要求调控适宜的温、湿度以及低氧和高二氧化碳气体环境，并能排除其呼吸代谢放出的乙烯等有害气体，从而达到比单纯冷藏更好地抑制产品呼吸强度、延迟后熟衰老贮藏保鲜的目的。气调库虽具有上述优点，但并不是什么果蔬都可放到气调库内贮藏，而且贮藏效果都会超过冷藏的。气调库是一种大规模集中进出库贮藏、销售的保鲜设施，它不像普通冷库那样进出灵活，因为整个库间调节一次气体成分较费事。集中短时间收贮装满一库间产品之后，须将库门密封好，然后靠制冷和气调机械来调节内部的温度和气体。贮藏期间管理人员不能随意进库(若进入需佩戴呼吸器)，一般只能通过观察孔去查看内部情况和取样，通过检测仪表来了解库内温度、湿度、氧和二氧化碳指标。一般不到贮期或无特殊需要，中间不能出库产品。须根据市场需要，一直到贮藏结束才能开库，使其气体恢复正常，才能进人出货。

气调库贮藏即“CA 贮藏”，主要适宜贮藏采后具有典型呼吸高峰的苹果(如金冠、红星等元帅系苹果)、梨(洋梨、香梨、鸭梨等)、猕猴桃等果品。国际、国内能用气调库贮藏的果品种类不多，柑橘、香蕉、葡萄等不适合气调库贮藏。至于蔬菜的气调库贮藏，国际、国内很少应用。就是适宜气调库贮藏的苹果、梨等，由于入贮要求较高，操作管理复杂费事，加之市场效益不高等原因，我国这些年各地建的一大批气调库，真正用气调库贮藏创效益的不多，多数都改作普通冷库用。所以，不能认为气调库是什么都能贮的高效贮库。切莫轻易耗费大笔资金，盲目立项建设气调库。但若做苹果出口贸易，则必须建气调库贮藏。

14. 如何进行果品的塑料薄膜简易气调贮藏?

气调贮藏是一种控制贮藏环境中的气体成分，以达到延长贮藏期的现代贮藏方法。气调库的建设投资昂贵、设备复杂，目前尚未推广应用。而使用塑料薄膜封闭进行简易气调贮藏，造价低廉、使用方便，既可配合简易贮藏场所使用，也可在通风库或机械冷藏库内进行，因此最适合于果品产地的推广与应用。

薄膜封闭的方式主要有塑料薄膜袋封法、硅窗塑料袋封法和大型塑料薄膜气调帐 3 种。

(1)塑料薄膜袋封法

①*放风法*　一般用厚 0.06～0.08 毫米的聚乙烯薄膜袋贮存

果实，封闭袋口，当氧降至规定的低限或二氧化碳上升至规定的限度时，打开袋口，换入新鲜空气，再重新封闭。

②调气法　用厚0.06～0.08毫米的薄膜袋贮存果实。在自然降氧期用吸收剂（氢氧化钙等）吸收超过指标的二氧化碳，等氧降至规定指标后，输入适量的新鲜空气，同时继续使用二氧化碳吸收剂，使两种气体稳定在规定的指标范围内。

③不调气法　塑料薄膜袋厚0.03～0.05毫米，贮存果实，封口。因薄膜很薄，有一定的透气性，在短时间内可以维持适当的低氧和较高的二氧化碳，而不至于达到有害的程度。此法适用于短期贮藏或长途运输的果实，如香蕉、荔枝、苹果等。

(2)硅窗塑料袋封法　采用较厚（0.18～0.23毫米）的塑料薄膜袋，在袋上安装硅橡胶薄膜透气窗，改进透气性能，可获得较好的保鲜效果。硅橡胶薄膜对二氧化碳和氧的渗透系数远比常用的塑料薄膜大得多，且具有较大的二氧化碳和氧的透气比（二氧化碳∶氧＝6∶1）。利用硅橡胶这种特有的透气性能，在较厚的塑料薄膜袋上嵌上一定面积的硅橡胶气窗，这样袋内二氧化碳和氧含量就会自然地调节到适宜的水平。

(3)大型塑料薄膜帐简易气调贮藏技术　在大型塑料薄膜帐中，密封堆码果箱，创造一种气调条件，效果很好，可在通风库内、冷库内或土窑洞内使用。

采用厚0.18～0.23毫米的聚乙烯塑料薄膜制成长方形大帐子，每帐容量果实数千千克，大的可到1万～2万千克，帐子的侧面有充气口、抽气口、取样口。使用时在帐底先铺大张整块塑料薄膜作底层，上面放置垫果箱用的枕木或砖块，再堆码果箱，罩上帐子，帐子底边与底层塑料薄膜相连并折叠用沙土压紧，使帐子密封。帐子内撒氢氧化钙吸收过多的二氧化碳。刚设立的帐子，里面和外面空气一样，氧为21％，二氧化碳为0.03％。帐子内的降氧方法有以下3种。

①**自然降氧法** 利用果实的呼吸作用逐渐将帐子内的氧消耗至所要求的浓度。

②**快速降氧法** 先用抽气机将密闭帐子内的气体抽出部分，使帐子紧贴在果箱上。而后用氮气从充气口充入帐内，使帐子形状复原。如此反复抽气充氮3～4次，就可使帐内的氧气含量降低至3%左右。

③**半自然降氧法** 先用快速降氧法，抽气充氮使帐内气体中氧含量降低至10%左右，然后利用自然降氧使氧含量继续下降至3%左右。

利用塑料薄膜大帐贮藏果实，果实采收预冷后要尽快入帐，以便推迟呼吸高峰的出现。

15. 为什么大型冷库适合产地单品种长期贮藏或销地多品种短期贮藏？

大型冷库（1 000吨以上）建设投资大，管理较为复杂，贮藏成本较高，贮藏效益不稳定，投资建设应慎重。作为长期贮藏保鲜果蔬应由有经济实力或管理能力的集团公司建在产区，用来贮藏单品种苹果、梨、蒜薹、大蒜等耐藏性强的果品和蔬菜。根据产区资源特色和外部市场需要，安排专业技术管理人员，严格按科学技术要求进行收贮和管理，以减少贮藏损耗，提高贮藏质量，保持产品的鲜度，争取好的经济效益。根据我国农产品贮藏保鲜业重点已转向产地的客观形势，考虑到城市商业部门过去产贮分家、经营亏损的经验教训，今后大中城市不应再投资兴建大型、长期贮藏果蔬的冷库，现有大型果蔬冷库应结合批发市场布局，转变功能和服务，改作为符合市场经济发展的周转、短贮、分配性冷库，将其划小贮藏单元，适合各地批发客商不同品种、不同温度、不同贮期贮藏租用需要。库内运输要流畅,贮、出要迅速,服务要周到(昼夜可进、可出),充分发挥库位利用率,靠吞吐、周转量大来创造较大的经济效益。

16. 为什么不能单靠保鲜机、保鲜膜、保鲜剂等来贮藏保鲜果品?

果品贮藏保鲜离不开一定的环境设施和适宜的环境条件。在此基础上,使用保鲜机、保鲜膜、保鲜剂会从不同方面对贮好果蔬起到一些积极作用,甚至是贮运过程中不可缺少的技术措施,比如冷藏青椒,只靠提供9℃～11℃的低温和90%～95%的高湿不能保鲜好,还必须应用保鲜薄膜和防腐剂才行。如果只有保鲜膜和防腐剂,而没有能够提供适宜温、湿度的通风库、冷藏库或其他设施,那是贮不好的。这里说的环境条件的保证是首要的,而保鲜膜、防腐剂是辅助的。不能喧宾夺主,不能轻信社会上一些不实宣传,只靠保鲜剂处理,就可以把蔬菜、水果在常温条件下保鲜几个月。

17. 怎样根据市场发展需要来应用各种简易贮藏设施和技术?

各地区一些传统的简易贮藏设施,如沟藏、窖藏、土窑洞贮藏等,利用晚秋至早春的自然低温条件来创造、维持贮藏果蔬所需要的环境条件。并利用土壤和就地取材覆盖物的保温作用来防止产品受冻。其设施、技术的共同特点是因地制宜、结构简单、建筑成本低,是各地农民在总结实践经验基础上的创造,可以不同程度起到一定的贮藏保鲜作用。但最大不足是受气候条件变化影响很大。在夏季、早秋和晚春这些时期不易获得适宜的低温条件，容易出现热伤或冻伤，有风险。而且损耗较大，鲜度、质量不高，加之管理操作麻烦。在市场经济发达地区，应用价值已不大。但在一些不发达的贫困地区，像土窖白菜、沟埋萝卜、冻藏菠菜、沟藏苹果等简易贮藏设施、技术仍可小规模应用。山东、江苏等地的窑窖姜，贮效较好，成本较低，仍有普遍应用意义。

18. 为什么山洞、防空洞不适合改建冷藏库？

山洞、防空洞等地下人防设施，看起来内部温度较低。一般在炎热的夏季能比外温低10℃左右，多数常年温度在15℃左右，但大部分内部潮湿，而且没有隔热、防潮处理，在这样条件下，安装制冷系统，耗电量大，降温效果不好。若再重做隔热、防潮，因内部潮湿，一是难做，二是费工费料，效果不理想。此外，这些设施普遍通风不好，山洞里基本上都没有通风系统，地下人防设施有些虽有通风系统，但通风效果不如地上冷库好。贮藏期间通风不好，势必造成病原微生物容易侵染，病烂损失要大。近些年，许多单位和个人改造山洞或防空洞做果蔬冷藏库，既费电，贮藏效果又不好，不如地上冷库，切莫投资改建山洞、防空洞为冷藏库。

19. 果品冷库入贮前为什么要提前开机降温？

果实冷藏入库之前，应提前3～5天开动制冷机，将库温逐步降至产品贮藏适宜温度以下（一般要低1℃～3℃）。因为果蔬采后田间带热很大，提前降温可使果蔬入贮后库温、品温很快降下来。否则，入贮过程现开机降温，库温高，产品温度也高（入贮产品除田间带热外，还要考虑其呼吸放热），很难在短时间将温度降下来，这样不仅耗能要大，而且对产品影响也大。外部温度高时（如气温在30℃左右），降温不可过急，以防急骤降温对库体建筑带来损伤。一般每天降温幅度不超过10℃。另外，产品入贮过程也不能一下子在1～2天内就将库房装满，应分期分批入库，小库应在3～4天、大库应在5～7天装完。避免一次入贮量太大，库温迟迟降不下来，结果造成“欲速则不达”。

20. 怎样测量水果的硬度？

果肉硬度是衡量鲜果品质和贮藏性状的重要指标。随着果实成熟度的提高，果肉逐渐变软，耐压力也随之下降，果实硬度计正是根据这个原理，通过测定果实耐压力的大小来判断果实的成熟度的。这个耐压力就是通常我们所说的果肉硬度。法定计量单位为帕。

目前，国内常用的果肉硬度测定仪是GY-1型。在测量果实硬度前，先将果实表皮用刀削去1～2厘米^2，每个果实测相应的2～4个点。GY-1型果实硬度计在使用时要先按动回零滚动花帽钉，使指针复原，然后转动表盘，使指针指在2千克的位置，即可开始测定。将硬度计的压头压入果肉至刻度线，这时表针所指的刻度线即为果肉的硬度。

测定结束后，需用蒸馏水清洗仪器上所沾污的果汁，并用干绒布擦净保存，以防生锈。

21. 怎样测定果实的可溶性固形物？

可溶性固形物含量的高低是决定果蔬贮藏加工制品质量的重要指标。测定可溶性固形物含量的仪器有阿贝折光仪和手持糖量计。它们是根据不同浓度的溶液对透过光线折射率的差异来测定固形物含量的。可溶性固形物含量愈高，表示浓度愈大。在果蔬贮藏及加工过程中，多使用手持糖量计。手持糖量计在使用前，先掀开进光棱镜盖板，并用擦镜纸或脱脂棉擦净，滴几滴蒸馏水于折光镜的镜面上，合上进光棱镜盖板，将仪器进光窗朝向亮处，调节目镜调节环，视野中的明暗分界线若与标尺上的“0”位重合，表明仪器准确，可以使用。如不在“0”位，应调节校正螺旋，调至“0”点后，擦干水，再行使用。

测定时先将照明棱镜盖板打开，用擦镜纸或脱脂棉擦净盖板及棱镜载物面，将待测液（果汁、浓缩果汁、糖液等）滴 2～3 滴于折光棱镜的载物面上，合上盖板，对着明亮处观察目镜内明暗分界线处的读数，该读数即为待测液的可溶性固形物含量，或称糖度。

四、北方水果产地贮藏保鲜与贮藏期病害防治技术

1. 不同苹果品种的耐藏性如何?

我国苹果品种繁多,按成熟期不同可分为早熟、中熟、晚熟3种类型。

(1)早熟品种　成熟期在6～7月份,主要品种有黄魁、红魁、祝光、辽伏等。果实容易腐烂,不耐贮藏,并且品质、风味较差,此类品种的果实一般不进行贮藏。

(2)中熟品种　成熟期在8～9月份,主要品种有元帅、红星、新红星、金冠、首红、红玉等。耐藏性比早熟品种好,但在一般的简易贮藏条件下,不能进行长期贮藏,采用冷藏或气调贮藏技术可以延长贮藏期。

(3)晚熟品种　成熟期在10～11月份。主要品种有国光、富士、红富士系列品种、青香蕉、倭锦、印度、鸡冠、秦冠等。其中国光、富士及红富士系列品种最耐贮藏,采用适合的贮藏场所,可以实现周年供应。此类品种的果实一般进行长期贮藏,用于元旦、春节或"五一"节供应市场。

2. 苹果贮藏的适宜环境条件是什么?

苹果贮藏的适宜环境条件一般是:温度－1℃～4℃,空气相对湿度90%～95%。气调贮藏时氧气2%～4%、二氧化碳3%～5%。

3. 怎样进行苹果地沟贮藏？

山东烟台、甘肃武威、河北唐山等地具有沟藏苹果的经验，苹果沟藏前要进行预冷处理，以降低果温。

烟台地区的苹果沟藏，沟深 1 米、宽 1 米、长度随贮量及地形而定。沟底要平整，并铺沙厚 3～7 厘米，如果土壤比较干燥应喷水润湿。在 10 月下旬至 11 月上旬将经过预冷的苹果入沟贮藏，果实堆放厚度为 60～70 厘米。入贮初期，白天需覆盖遮阴，夜晚揭开降温。至 11 月下旬气温明显下降时，用草或树叶覆盖保温。随着气温的降低，覆盖分次加厚达 30 厘米以上。为防止雨雪落入沟中，用席搭成屋脊形棚盖。有的地方不用树叶覆盖，而是用玉米秸盖棚，并加土覆盖。随着气温的变化，以开启或堵封窗口调节温度。一般至翌年 3 月以后沟温升至 2℃以上时即结束贮藏。

4. 怎样利用土窑洞贮藏保鲜苹果？

山西省农业科学院果树研究所贮藏保鲜研究室，早在 20 世纪 80 年代初就对土窑洞贮藏苹果进行了大量的研究，已经形成了包括窑洞设计、贮藏保鲜方法与管理措施在内的一整套土窑洞贮藏技术，并将塑料薄膜小包装简易气调贮藏、硅窗气调小包装以及硅窗气调大帐等贮藏保鲜技术应用于土窑洞贮藏，大大提高了苹果窑洞贮藏的质量。

(1)技术要点

①窑洞设置要合理，有较好的通风系统，以加强通风降温。

②冬季采用自然制冰或制雪球放入窑洞中，既能稳定窑内温度，又能增加窑内的常年在－1℃～10℃的时间。

③应用气调理论，配合塑料薄膜小包装和硅窗气调大帐技术

贮藏，在苹果入窖初期，使之处于较高的二氧化碳（8%～12%）和较低的氧（5%～8%）的气体条件下，克服了贮藏初期（9～11月份）窖内温度较高（8℃～12℃）对苹果贮藏产生的不良影响，使苹果的贮藏期得以延长，保证了贮藏质量。

④在管理上，要求窑洞贮藏的苹果是耐藏品种，且无机械伤，适时采收。

(2)通风管理的4个时期

①*前期*　晚秋和初冬。这时气温比窑温低，要把所有通气孔和门窗打开，日夜大量通风以降低窑温。此时必须要注意窑内温、湿度，定期洒水加湿。

②*中期*　整个冬季。此时以防寒为主，一般将通风孔及门窗关闭，根据情况打开门窗调整温度，使之稳定在0℃左右。并制作冰块或雪球移入窑内，稳定温度，增大湿度。

③*后期*　即春季。气温逐渐高于库温，白天要把通风孔、门窗关闭，以防窑外温度影响窑温，夜间低温时则应打开通风，以降低窑内温度的回升速度。

④*苹果出窑后空窑洞的管理*　这个阶段主要是春末至初秋，窑洞内温度回升，苹果已全部出窑，外温很高。这个时期主要是清库和保温工作。一般是对窑内进行清扫、整理和消毒灭菌，并制冰贮入窑内，或灌入一定量的水，然后将所有的通风孔和门窗全部封闭。

5. 如何利用通风库和改良式通风库贮藏苹果？

通风库贮藏苹果早在20世纪60～70年代就已经广泛应用，目前，在我国苹果贮藏中仍起着很大的作用。其缺点主要是秋季果实入库时温度较高，而初春以后，气温回升，苹果无法继续保存。山东省农业科学院果树研究所在此基础上进行了改良，增加了机械制冷设备，其建库成本和设备投资大大低于全机械冷库，并基本克服了一般通风库贮藏前期与后期温度过高的问题，形成了改良式通风库，即10℃冷凉库。同时，在贮藏技术上，也应用气调理论，在苹果入库前期，采用硅窗气调大帐和小包装气调保鲜技术，通过提高袋内二氧化碳浓度和降低氧浓度，来达到长期贮藏苹果的目的。目前在我国北方苹果产区，10月中旬的气温一般在10℃左右，采用这种库型，结合塑料薄膜简易气调技术，是一种投资少、见效快、贮藏效果好、节能省电、经济效益高的苹果贮藏方法。

改良式通风库的技术特点在于通过机械制冷的方式，使苹果在入库初期外界温度还较高的条件下，就能使果实处于10℃以下的冷凉环境，有利于果实迅速散除田间热。入冬以后，又可利用通风系统，靠自然冷源降低库温，节约能源。初春一到，靠机械制冷，仍可维持库温0℃～4℃，再配以气调大帐等措施，创造有利于苹果贮藏的气体环境，抑制果实衰老，达到长期贮藏的目的。

通风库和改良式通风库的贮藏管理方法和技术要求，以及适宜贮藏的品种，均与土窑洞贮藏相似，可以参照土窑洞贮藏的要求和方法，因地制宜地进行苹果贮藏。

6. 如何利用塑料薄膜简易气调贮藏苹果？

利用塑料薄膜进行简易气调贮藏，包括塑料袋小包装贮藏、塑料薄膜大帐贮藏和硅窗气调帐贮藏。

(1)塑料袋小包装贮藏 选用厚0.06～0.08毫米聚乙烯薄膜袋，衬在果筐或箱中，装入苹果(20～25千克)，缚紧袋口，每袋构成一个密封贮藏单位，靠苹果自身的呼吸作用和塑料薄膜的透性使袋内的氧和二氧化碳自然调节在一定的范围内。在苹果品种和贮藏温、湿度条件一定的情况下，主要影响袋内气体变化的是薄膜的种类、厚度和包装量。贮藏过程中要定期检查袋内的气体成分，若出现氧过低或二氧化碳过高时，应敞开袋口换气。

(2)**塑料薄膜大帐贮藏**　在冷库或通风库内，用塑料薄膜帐把苹果贮藏垛包封起来，成为简易的气调库。薄膜帐一般选用厚0.1～0.2毫米的聚氯乙烯薄膜粘合成帐子，容量为2 500～8 000千克。封帐时，在帐底先铺整片塑料薄膜，上放枕木或砖为垫，在其上将经过预冷装箱或筐的苹果码成通风垛，然后用帐子罩在果垛上，最后将帐底与帐壁四周的下边缘紧紧地卷在一起，埋入预先挖好的小沟内，用土压紧，或用砖块将卷边压紧。

帐内的调气方式有自发气调和快速降氧2种。前者主要靠果实自身的呼吸来降氧和升高二氧化碳，后者则是人工抽气并充入二氧化碳气体。

贮藏初期，尤其是扣帐初期，需经常取气分析帐内的氧和二氧化碳的浓度。入帐初期帐内气体组分变化较大，每天要测气2次，以后每天1次，冬季气温稳定以后可每周测气1次。氧浓度低时要补入空气，二氧化碳浓度过高要设法消除。目前，多采用氢氧化钙吸收二氧化碳的方法，氢氧化钙用量一般为每100千克苹果用0.5～1千克，从帐四周靠近地面处设置的通风袖口装入帐中，当氢氧化钙失效后再予以补充。

(3)**硅窗气调帐贮藏**　即在塑料薄膜帐上镶嵌一定面积的硅橡胶薄膜，做成一个扩散窗，简称硅窗，利用硅窗对二氧化碳和氧的透气系数远比塑料薄膜大的特性，自动调节贮藏环境中的气体成分。硅窗的面积需根据贮藏量和要求气体的比例，经过试验和计算来确定。试验结果表明，在0℃～5℃时，贮藏1 000千克苹果，使氧气保持在2%～3%、二氧化碳3%～5%，需硅窗0.3～0.6米^2。同时还可运用封闭或敞开扩散窗的面积大小，来调节帐内的气体成分。

7. 苹果产地气调贮藏新技术有哪些?

(1)苹果分类气调贮藏 根据苹果不同品种贮藏性状及其同环境中气体成分的关系,在利用"双变气调贮藏理论"的生产实践中,将其概括为"苹果分类气调贮藏模式",并将这种分类模式物化为相应保鲜袋——HA系列苹果气调保鲜袋。它是将高效阻氧剂、多元阳离子等高新技术材料混合到塑料薄膜生产原料中,通过对透过气体的选择、吸附或代换的方式调节苹果塑料袋内气体成分。具有随温度变化自动调节气体成分和低氧、低二氧化碳功能。

①气调适应型苹果保鲜袋　红星、金冠、金矮生、青香蕉等绵肉系品种对环境中高二氧化碳适应性强,适合低氧、高二氧化碳贮藏。使用方法是将这些苹果按规格数量装袋密封,在常温库(温度为10℃～15℃)中贮藏1周,袋内二氧化碳含量可达13%～15%,氧含量降至2%～3%,以后随外界气温逐渐下降,袋内二氧化碳可稳定在3%～6%,氧含量稳定在5%～7%。在不需人工配气和调控的条件下,这种气体含量和比例可较长时间保持。这种保鲜袋适合产地贮藏应用,在没有冷藏条件的通风库中贮藏6个月的红元帅、黄元帅、红星苹果,硬度降低不多,失水率、好果率均佳,效果明显。

②气调敏感型苹果保鲜袋　国光、富士、印度等脆肉型品种苹果对贮藏环境中的高浓度二氧化碳适应性差,适合低氧、低二氧化碳气调贮藏,称气调敏感型苹果。将这些品种苹果装入气调敏感型保鲜袋,在10℃～15℃条件下贮藏1周后,袋内二氧化碳含量为5%～8%,氧含量为6%～9%。以后随气温逐渐下降,袋内二氧化碳含量降低,并稳定在3%左右,氧含量稳定在5%左右。贮藏8～10个月的富士和国光苹果,出库时鲜度、硬度和好果率均佳。

(2)苹果双变气调贮藏 双变气调贮藏苹果技术是利用自然能和生物能建立的贮藏温度和气体环境相适应的苹果气调贮藏新技术。与传统气调冷藏技术有明显不同。传统气调冷藏期间要求稳定在0℃左右低温下,而双变气调贮藏过程温度可由高而低变动。入贮温度在秋季12℃～15℃较高温度下,利用塑料薄膜封闭,积累12%～15%的二氧化碳,来抑制苹果的呼吸强度,保持30天左右,随温度逐渐降至0℃,并保持0℃±1℃温度,此期二氧化碳浓度相应降至6%～8%,一直到贮藏结束,氧气能控制在2%～4%。这种薄膜气调贮藏苹果新技术是适应我国目前冷藏库建筑费用较高,利用自然冷源(如土窑洞、通风库)或自然冷源辅以机械制冷(如10℃冷凉库)贮藏条件贮藏,比普通冷藏效果明显好,且与标准气调贮藏(0℃,氧3%、二氧化碳2%～4%)的贮藏效果相接近。在没有冷藏条件的情况下,可利用当地自然气温,依靠封闭包装内较高二氧化碳抑制呼吸代谢,同时抑制了乙烯的生成和影响,显著地延缓了苹果的后熟衰老过程。

采用这项新技术贮藏6个月的苹果,鲜度、硬度、风味都很好。

8. 冷库贮藏苹果如何管理?

采用冷库贮藏的苹果,不需像沟藏、窖藏那样进行预冷,采收后应尽快运至有制冷设备的冷库预冷,使果温迅速下降至贮藏适温。苹果在高温下拖延的时间越长,贮藏寿命就越缩短。在入库前,库房要经过消毒,消毒方法按100米^{3}用1～1.5千克硫磺,拌锯末点燃,密闭门窗熏蒸2天,然后打开门窗通气。消毒后的冷库,在入贮前要提前开机制冷,使库温降至贮藏苹果的适温。苹果一次入库的数量不宜太多,每天入库量占库容总量的10%左右为宜。

贮藏期间冷库的管理主要是调节库内温、湿度和排除不良气体。要根据不同品种苹果对温度的要求控制库温，要定期除霜。冷库一般比较干燥，要及时加湿或在风机前加喷雾器，以调节湿度。通风换气宜选择气温较低的早晨进行。

苹果出库前应逐步升温。因为出库时外界气温较高，果温较低，直接从冷库中取出会在果面凝结许多水珠，使果皮颜色发暗，硬度下降，容易腐烂。升温可在预备间进行或在冷库走廊内进行。升温温度以每次高出果温2℃～4℃为宜，空气相对湿度75%～80%。当温度升至与外界温度相差4℃～5℃时即可出库。

9. 什么是苹果冻藏？

冻藏是指在冬季利用自然低温，使果实在轻微冻结之后进行贮藏。国光苹果比较适宜，冻藏结束后，果实经过缓慢解冻，能够恢复其正常的生理功能。

准备用来冻藏的国光苹果，要适当晚采。分级后果实包纸装箱或筐，经过预冷，先堆码在普通贮藏窖或窑洞中，随严寒季节到来，敞开门窗，大量引入外界冷空气降温，使贮藏场所的温度下降到－8℃左右（不包纸国光苹果为－6℃），苹果在冻结状态下继续贮藏。到春季外界气温升高时，将门窗紧闭，或在箱（筐）垛上加塑料薄膜帐并盖上棉被，减少果实受外温的影响，还可维持一段冻结时间。

苹果冻藏时应注意：一是果实冻结后，即维持在冻结状态下贮藏，不能时冻时消，否则果实不能复原，并变褐变软。二是果实一经冻结，切忌任意搬动，否则易造成机械伤害。三是冻结果实，翌年春季应随气温的逐渐升高缓慢解冻，不能急骤放在较高气温下。

10. 如何防治苹果炭疽病?

苹果炭疽病亦称苦腐病,是世界苹果产区的果实和贮藏期主要病害之一。要防治苹果炭疽病,首先要了解炭疽病的有关症状。

(1)危害症状 果实染病后多在近成熟时或贮藏期发病,初为淡褐色圆形小斑点,病斑迅速扩大,呈褐色或深褐色。果肉软腐,呈圆锥状陷入果肉,病组织味甚苦。随着病斑扩大,果面下陷,呈明显或不太明显深浅颜色交错的轮纹状。当病斑扩大至1～2厘米时,病斑中心生出突出的小粒点,初为褐色,后变成黑色,滋生出粉红色黏液(分生孢子团),病斑再行扩大,可使果1/3～1/2烂掉。有的果实上可感染数个或上百个病斑,但能扩大的病斑仅有1～2个。晚秋染病时,因受低温的限制,病斑表现为深红色小斑点,中心有一暗褐色小点。

(2)防治措施 苹果炭疽病侵染时期在幼果期,而潜伏期又很长(有的长达2～3个月),因而在防治上应注意2个时期。

①认真做好果实生长期的化学防治,常用的化学药物有波尔多液、福美甲胂、多菌灵、灭菌丹等。

②采前3～5天喷洒15%噻菌灵(TBZ)500倍液,采后严格挑选、剔除病果,入库时及时预冷,并将库温降至0℃左右。应用气调或变动气调贮藏,可有效防治此病的大量危害。

11. 如何防治苹果褐腐病?

苹果褐腐病是由皮孔或伤口侵入的一种传染性病害。

(1)危害症状 受害果表面初生浅褐色小斑,呈软绵状。病斑迅速内外扩展,在温度10℃左右时,不及10天,整个果实变褐,果肉变得松软似海绵状,带有弹性。病斑中心都逐步形成灰白色绒球状菌丝团，并呈同心轮纹状排列于果面上。

(2)防治措施

①在病菌侵染时喷布化学药物防治，保护果实，可使用的药物有波尔多液(1∶1∶100)、50%甲基硫菌灵可湿性粉剂 800 倍液、50%苯菌灵可湿性粉剂 1 000 倍液。

②减少采收、包装和运输中的磕压碰伤，预防再侵染。

12. 如何防治苹果虎皮病(褐烫病、晕皮病)？

苹果虎皮病是世界各国苹果贮藏中主要的生理病害。近年来，在我国的苹果贮藏中发生日益严重，每年 4～5 月份市场上销售的苹果，其发病率为 30%～50%，严重者高达 70%以上。

(1)危害症状 发病初期，果皮呈淡黄褐色不规则斑块，形如烫伤，随病情发展，淡黄褐色斑块不断扩大，微有凹陷，但病斑中的皮孔并不下陷，病皮凹凸不平，病斑只限于果皮的 7～8 层细胞，一般不深入果肉。发病时首先着色较差的部分表现病状，严重时着色部分也能发病。果实发病后，常常失去果实的风味，发绵，容易腐烂。

(2)防治措施

①适时采收，使果实达到贮藏要求时的成熟度，是预防苹果虎皮病发生和危害的重要措施。

②苹果采收后，尽快进入低温条件下贮藏，也是预防虎皮病后期危害的一项措施。

③果实采收后，进行气调贮藏，使氧的浓度逐步降低到一定程度和二氧化碳浓度升高到一定程度，能延缓果实的衰老，也是防治虎皮病危害的一项技术措施。

④应用化学药物防治虎皮病。2 000 毫克/千克的乙氧基喹溶液浸果和 3 000 毫克/千克乙氧基喹药纸包果，3 000 毫克/千克的

BHA(丁基羟基茴香醚)浸果,或选用同样浓度的 BHA 油纸包果;或选用乙氧基喹 500 倍液均可达到较好的防治效果。

13. 如何防治苹果苦痘病?

苹果苦痘病又称苦陷病,是苹果成熟期和贮藏初期发生的一种生理病害。病果组织病变后具有一定的苦味,果皮有豆状斑点,因而得名苦痘病。

(1)危害症状 病果的皮下果肉组织首先变褐,有时果肉的深层部位也会出现小褐斑。病斑多环绕在果实萼端。病斑透过表皮呈绿色或褐色凹陷圆斑,直径 2～4 毫米。病斑下果肉坏死干缩呈海绵状,去掉果皮后,在病部可以看到疏松的干组织,其味微苦。病斑在果实顶部分布较梗部为多,果实采收时外表症状一般不明显,采后和贮藏销售期间,病情将进一步发展。

(2)防治措施

①综合农业技术管理,促进树体对钙的吸收利用。多施有机肥,适当控制氮素化肥的施用量,合理整形修剪,防止枝条徒长,保持树势中庸,克服大小年结果现象。苹果在盛花后的 4～5 周,是树体对钙吸收的一个关键时期,果实中大约 90%的钙都在此时期内积累,称为钙吸收临界期。此期以后,除通风透光良好的树体上的果实还能继续吸收一些外,钙进入果实很少。

以后随果实不断增大,果肉中的含钙量相对下降,果实越大,单位重量的果肉钙含量越低。因此,在果实发育前期(花后 4～5 周),可通过合理的土肥水管理,促进新根发育,提高树体对钙的吸收利用。

②根外喷施钙肥。盛花期至采收期用 0.5%氯化钙或 0.8%硝酸钙溶液对植株进行喷洒,每隔 2～3 周 1 次,一共喷 3～4 次。气温较高时,应适当降低浓度,以免发生药害。钙肥喷施在叶片上

虽能被吸收,但不易转移到果实中,因而喷洒到果实上可起到更好的效果。果树盛花后6～8周,因果实已发育到一定大小,接受钙的表面积比临界期前大为增加,因而喷钙效果也较好。

③采后用3%～4%氯化钙溶液浸泡处理果实,也能增加果实中的钙含量,但这种方法适宜在苹果闭萼品种上采用,萼筒开放的品种,由于氯化钙易进入果心,常引起药害。

14. 如何防治苹果轮纹病?

苹果轮纹病又称轮纹褐腐病。在黄河沿岸及以南地区,该病是苹果的主要贮藏病害。多发生在果实近成熟期或贮藏期。轮纹病菌的寄生范围很广,除苹果外,还能侵害梨、桃、杏、李等果实。

(1)发病症状 果实多在近成熟期和贮运期中发病。果实受害时,起初以皮孔为中心发生水浸状褐色斑点,病斑逐渐扩大,表面呈暗红褐色,有清晰的同心轮纹。自病斑中心起表皮下逐渐产生散生的黑色点粒,即分生孢子器。在25℃左右的温度下,一般果实染病后3～5天,即软化腐烂,往往从病部流出许多茶褐色的汁液,但果皮不凹陷,果形不变,这是与炭疽病区别之处。

(2)防治措施

①*加强栽培管理* 合理肥水,增强树势,以提高植株的抵抗力。发芽前喷布1次5波美度石硫合剂,杀死附着在树体上的病菌。

②*采前保护* 从5月下旬开始至8月份,结合防治其他病虫害,喷布3～5次160～200倍波尔多液,保护树体,预防病菌侵入。

③*采后防腐处理和适宜的贮藏条件* 采收后用1 000～2 500毫克/千克噻苯咪唑浸果,对轮纹病有一定防治效果。采用0.02%仲丁胺洗果处理,防治效果明显。研究表明,气调贮藏可减轻苹果轮纹病的发生,适当提高二氧化碳浓度,苹果腐烂率会降低。

15. 苹果的高二氧化碳伤害和缺氧伤害有何症状？如何防治？

(1)症　状

①果肉褐变型　首先在果心线周围形成大小不等的褐色或深褐色的斑块，或在果皮以下形成同类型的病斑。病斑有时形成空腔，严重时整个果肉变成黑褐色，此时果皮也呈暗色的半透明状。

②果皮褐变型　在果皮上产生形状不规则的褐色斑块，但不深入到果肉。

③果肉和果皮褐变混合型　果实受害后，在果皮和果肉同时发生褐变，产生褐色斑块。

高二氧化碳和低氧伤害的特点是果肉不发绵，仍保持一定的硬度，组织坏死还有弹性，受害部位界限明显，并有浓烈的酒精味。

(2)防治措施　防治这类伤害的唯一方法就是在不同的温度下，根据苹果品种不同，将氧气和二氧化碳的含量降至最适宜的浓度，气调库贮藏中氧3%和二氧化碳3%，塑料薄膜简易气调贮藏中氧2%～3%，二氧化碳6%以下，对多数苹果气调贮藏都是最适宜的浓度。

16. 梨果贮藏的适宜环境条件是什么？

梨果贮藏的适宜环境条件一般是：温度－1℃～3℃，空气相对湿度为90%～95%。

17. 梨果贮藏保鲜应注意哪些问题？

梨的贮藏保鲜技术及管理措施一般与苹果相似，可参照苹果的有关方法进行长期贮藏。但有些品种如鸭梨，对低温比较敏感，同时对环境中的低氧、高二氧化碳也比较敏感。因此在生产中要十分注意，必须采取有效措施加以解决。对鸭梨、雪花梨、慈梨、长把梨等一般不能进行气调贮藏。下面主要介绍与苹果不同的保鲜措施及管理上需注意的问题。

(1)梨的干耗(失重)与库房湿度 梨果含水分较多，贮藏中失水严重。因此，无论采取任何贮藏场所，均应注意增加湿度，可随时在地面上洒水或在库内喷雾，以使干耗减少到最低限度。

(2)二氧化碳积累与库房通风换气 鸭梨、雪花梨、慈梨、长把梨等对二氧化碳极为敏感，库内二氧化碳高于2%时就会引起果心、果肉褐变等病害。因此，加强库房通风换气，减少二氧化碳积累，以及减少乙烯等有害气体的积累是梨果贮藏的技术关键。其管理方法是在贮藏的前期和后期每天通风换气1～2小时，中期每2～3天换1次气，每次1～2小时。也可将干石灰装入透气性较好的袋中，直接放入库内，石灰用量为果重的0.5%～1%，或置于风扇、冷风机下，通过库内气体的循环吸收二氧化碳。该方法操作简单，经济有效，并可减少通风换气所带来的干耗。

18. 鸭梨为什么必须进行缓慢降温贮藏？

由于鸭梨对低温极敏感，采摘后若直接进入0℃库中贮藏，往往会引起梨果大量黑心，须用缓慢降温的方法加以控制。即鸭梨采摘后首先进入10℃～12℃的库中停留7～10天，以后每3天降温1℃，掌握前期慢后期快的原则，经35～45天的时间降至0℃。

另外，为减少鸭梨黑心病的出现，可采用适当早采的果实进行贮藏，比正常时间提前5～8天采收。

19. 梨果的“花脸”如何预防?

“花脸”又称黑皮、锈皮，是指梨的果皮外表发黑，呈一片片不规则形状。由于鸭梨和京白梨果皮又薄又嫩，一旦受外界摩擦碰伤或风吹，就会产生“花脸”。这是梨中的单宁物质氧化变褐所造成的。预防梨的“花脸”可以从“轻”字上着手。挑选时轻拿轻放，注意不要满把抓梨；包装时尽量采取单果包纸，尽量减少翻动次数，以减少摩擦损伤；装卸时要轻装轻卸。

20. 为什么南果梨贮藏时要抑制呼吸高峰的到来?

南果梨是辽宁鞍山、海城一带特产名优梨果。南果梨属软肉型果，具有明显的呼吸跃变，呼吸高峰过后，果实开始衰老，果肉软烂。抑制或推迟呼吸高峰的到来，是贮好南果梨的关键技术。

(1)适时采收 南果梨适宜采收期为9月上中旬，当果实呈黄绿色、阳面现红晕、果皮变薄、种子变褐、果肉细脆、味淡缺香时采收。

(2)贮前预熟 南果梨采后直接入0℃冷库，可贮5～6个月，但出库时，果皮仍呈黄绿色，肉质硬脆，缺汁少香，体现不出其佳美风味。若贮后在20℃左右温度下催熟，会有5%～10%果心褐变，5%左右腐烂，且果色、风味均不佳。因此，采后应先在库内阴凉处常温预熟3～5天，待适度转色减硬后再入库冷藏。经几个月贮藏再出库时，不必催熟处理直接上市，其果色、硬度、品质和风味都接近采后自然后熟的食用品质。

(3)适贮条件 南果梨贮藏适温0℃～1℃，空气相对湿度

90%～95%。气调贮藏氧气含量5%～10%，二氧化碳在5%以下。贮藏期间要加强通风，防止生理病害。

(4)贮藏方法

①普通窖藏　南果梨采摘时气温尚高，若用普通果窖，贮温都在15℃左右，仅可贮1个月左右。

②普通冷藏　南果梨采后经预熟再入0℃冷库装箱冷藏，可贮4～6个月，自然损耗5%～7%，腐烂损耗2%～3%。

③气调冷藏　南果梨采后经预冷后装入厚0.03～0.04毫米聚乙烯或聚氯乙烯薄膜袋，装箱冷藏，维持温度0℃～1℃、空气相对湿度90%～95%，袋内氧气5%～10%，二氧化碳在5%以下，贮6个月左右时间，干耗、腐烂都少，品质较好。

21. 为什么巴梨采用气调贮藏可延长贮藏期?

巴梨为葫芦形，果个较大，果皮黄绿色，阳面稍有红晕，果实后熟时肉质柔软细腻，汁多可口，味浓芳香，品质极佳，但不易贮藏。巴梨采后在常温下只可放几天，普通冷藏可贮1～2个月，气调贮藏可贮3～4个月，甚至更长时间。

(1)适时采收　巴梨属呼吸跃变型软肉果实。供贮藏的巴梨应在黄绿硬熟时采收。采收过早，太绿太硬，成熟度不够，贮藏后难以后熟至最佳风味；采收过晚，成熟度偏高，贮期会发生果肉衰老褐变，甚至黑心。

(2)适贮条件　巴梨贮藏适宜温度－1℃～0℃(气调贮藏在0℃±0.5℃)，空气相对湿度90%～95%。气调贮藏时贮温－0.5℃～0℃时，氧1%～2%，二氧化碳3%～5%；贮温为0℃～2℃时，氧2%～3%，二氧化碳5%以下。

(3)贮藏方法

①普通冷藏　巴梨采后装箱，可直接入冷库，在温度－1℃～

0℃、空气相对湿度90%～95%下可贮藏1～2个月。

②*气调冷藏*　巴梨采后，经预冷装入厚0.04毫米左右的聚氯乙烯薄膜袋，扎袋装箱，按上述温度，气体进行气调冷藏，可贮4～5个月时间。

(4)出库催熟　巴梨贮后须经催熟转黄再上市。催熟方法：一是解除气调，置于20℃左右温度环境，3～5天可转黄。二是喷洒800～1 000毫克/千克乙烯利后，置于15℃～20℃温度下，密封几小时后，1～2天即可转黄。注意催熟温度高了，反而不易后熟。

22. 为什么秋白梨不经预冷可直接入库贮藏?

秋白梨属于脆肉无呼吸跃变型果实，耐贮藏，贮后不会变软。

(1)适贮条件　秋白梨适宜贮藏温度为0℃左右，可耐受－1℃低温，空气相对湿度要求85%～95%。可用二氧化碳3%和氧5%～10%进行气调贮藏。

(2)适期采收　秋白梨在河北、辽宁多在9月中下旬采收，过早采收，糖度低，蜡质少，贮期易早衰腐烂。采收应特别注意避免损伤。

(3)防腐处理　常温贮藏可应用下列防腐剂：18号洗果剂100倍液，浸果1～2分钟；噻菌灵1 000毫克/千克洗果；采前5～7天喷1次高效杀菌剂，或生长期套袋；多功能保鲜纸单果包装；乙氧基喹蜡纸单果包装。

(4)贮藏方法

①*通风库贮藏*　秋白梨在15℃以下预冷和发汗3～5天即可入贮，在20～30天内将温度降至0℃，贮温高会增加腐烂，后期会发生黑痘病。

②*冷库贮藏*　秋白梨可不经预冷，直接入库，在温度0℃，甚至－1℃条件下冷藏。

③气调冷藏　秋白梨可用厚0.01～0.02毫米薄膜小袋单果包装贮藏，还可以用厚0.03～0.04毫米薄膜袋包装，在0℃低温下，保持袋内二氧化碳3%左右和氧5%～10%，保鲜保脆效果均好。

23. 雪花梨的贮藏保鲜是怎样进行的？

雪花梨果个大，单果重500克左右，比较耐贮藏，贮藏后期易发生果肉海绵状空洞。

(1)适贮条件　雪花梨贮藏适温0℃～1℃。贮温低于0℃时，会产生冷害，果皮出现褐变。要求空气相对湿度90%～95%。湿度低了会产生果肉海绵状空洞。可进行薄膜气调贮藏，要求氧5%～8%、二氧化碳3%～5%。

(2)适期无伤采收　雪花梨一般在9月中旬采收，冷藏时，应提前3～5天采收。采收要免伤，并严格按等级包装。

(3)贮藏方法

①普通库藏　雪花梨可利用棚窖和通风库贮藏，入贮前应先在阴凉处散热冷却至10℃以下再入贮，并逐渐降温至0℃贮藏。

②薄膜气调冷藏　雪花梨采后经预冷后，装厚0.04毫米塑料薄膜袋扎口。在温度0℃～1℃、空气相对湿度90%～95%条件下，保持袋内氧5%～8%和二氧化碳3%～5%，可贮至翌年4～5月份。也可用硅窗袋保持上述气体。还可用厚0.01～0.02毫米塑料薄膜袋单果包装贮藏，可贮5个月以上。

24. 京白梨的贮藏保鲜是怎样进行的？

(1)适贮条件　京白梨贮藏适温1℃～2℃，温度低于0℃会受冷害，贮期发生褐变。但贮温也不要高于5℃，否则果肉会变软早衰。要求空气相对湿度 90%～95%。气调贮藏要求氧 5%～10%和二氧化碳 3%～5%。

(2)适期采收 京白梨应在果肉尚未变软之前采收，采早了品质、风味不佳，糖度低，耐藏性差，采晚了果肉变软，早衰易烂。

(3)贮藏方法 京白梨采后须先在 5℃左右预冷 1 天后再入贮。可用厚 0.03～0.04 毫米塑料薄膜袋装，入冷库在温度 1℃～2℃、空气相对湿度 90%～95%条件下，保持袋内氧 5%～10%和二氧化碳 3%～5%来气调贮藏，一般可贮 3～5 个月。

25. 茌梨的贮藏保鲜是怎样进行的?

茌梨是山东莱阳名特梨果，耐贮性较强。茌梨果皮角质层较厚，贮藏后期易发生衰老褐变。

茌梨贮藏适温 0℃～1℃，但对贮温要求不十分严格，入贮初期最好温度降至 10℃以下，并在 20～30 天内将温度降至 0℃。冷藏时，须先在 5℃～7℃预冷 1～2 天，以免引起褐心病。茌梨贮藏要求空气相对湿度 85%～95%。

茌梨对二氧化碳较为敏感，但比鸭梨耐受性较强。茌梨气调贮藏，须随温度变化，调整氧和二氧化碳比例。贮藏温度 10℃左右时，二氧化碳不宜超过 3%，氧应在 8%～10%；而贮温 0℃左右时，二氧化碳浓度不宜超过 2%，氧应在 2%～4%。茌梨贮藏保鲜技术和上述雪花梨基本相同，一般可贮 3～5 个月。

26. 酥梨的贮藏保鲜是怎样进行的?

酥梨是安徽砀山名特梨果，已在西北、华北及华中等地广泛栽培。酥梨属呼吸跃变型果品，采后宜进行低温冷藏。

贮藏酥梨必须充分成熟，应在呼吸高峰到来之前的 9 月上中旬采收。采收应在晴天无雨时进行，采时防止拉伤果柄及果肉。采后须用蒲草包、软草衬垫包装，及时移至阴凉通风处散热。

酥梨贮藏适温为0℃～3℃，低于0℃易受冷害，贮温高了易腐烂。贮藏要求空气相对湿度90%～95%，过高过低都不好。

酥梨可在通风库或冷库中贮藏。通风库贮藏须经10天左右预贮散热后再入贮。冷藏时注意贮温不能低于0℃，可贮3～5个月。

27. 冬果梨的地窖贮藏过程是怎样进行的?

冬果梨是甘肃省特产梨，属白梨系统，采后无呼吸跃变高峰，贮后不会变软。冬果梨耐贮藏，贮藏中的主要问题是黑心和腐烂。

冬果梨贮藏适温0℃～2℃，低于0℃易发生果皮褐变。要求空气相对湿度90%～95%。冬果梨以9月下旬充分成熟采收为宜。采收早了，成熟度低，易发生褐皮黑心；采晚了易腐烂。

冬果梨用地窖贮藏须经发汗过程。发汗应在温度15℃左右、空气相对湿度75%～80%和通风的阴凉处进行。发汗时堆不能太紧密，发汗过程3周时间，温度逐渐降低。

在向阳高燥处挖开口直径约1米、深5～7米，在下面再开两个侧窖的窑窖，或1米窖口、5米窖底的瓶窖，将经发汗处理的冬果梨装筐放入，或在窖内散堆。贮藏期间，尽量维持贮温0℃～2℃，空气相对湿度90%～95%，加强贮藏通风，并经常检查，可贮至翌年3月份。

28. 香梨贮藏时如何防止黑心病?

香梨是新疆库尔勒特产梨果，皮薄多汁，香甜可口、品质极佳。香梨较耐贮藏，贮藏期间易发生黑心病，其原因多与采收较晚、贮温较高、二氧化碳过高有关。

香梨贮藏适温 0℃～2℃，空气相对湿度 85%～90%。湿度过低失水较重，果柄（肉质）萎蔫、变色；过高，易感病。香梨具呼吸跃变后熟过程，气调可控制后熟衰老，适宜气体为氧 8%～10%，二氧化碳 2%～4%，一般可贮 6～8 个月。

香梨在 9 月上旬采收，采收早石细胞多，品质不佳，耐藏性差。采收晚，成熟度高，贮期易衰老，引起黑心病。

产地土窖贮藏时，采收时温度较高（10℃左右），先用纸单果包装，装板条箱或纸箱，入土窖保持低湿（70%～75%），通风降温增湿。当降至 0℃时，改装聚乙烯醇（PVA）薄膜袋装，控制氧 8%～10%，二氧化碳 2%～4%，可贮 7 个月。

冷库贮藏时，采后用纸单果包裹，装纸箱，或用泡沫网包装聚乙烯醇薄膜袋箱装。直接入冷库，在温度 0℃～2℃、空气相对湿度 85%～90%条件下保鲜 7～8 个月。

29. 为什么锦丰梨贮藏时对气体调节敏感？

锦丰梨由苹果梨与茌梨杂交育成，属汁多肉脆、无呼吸跃变型梨果，耐贮藏。

(1)适贮条件 锦丰梨贮藏适温 0℃～1℃，温度低于－1℃会发生冷害，果肉产生不规则褐变，并出现空洞现象。锦丰梨果皮较厚，贮藏环境湿度过低，也易失水皱缩，要求空气相对湿度 85%～95%（通风库藏 85%～90%，冷库藏 90%～95%）。锦丰梨对气调十分敏感，在 0℃低温下，二氧化碳高于 2%、氧低于 10%，都会产生气体伤害。所以，一般情况下，不适宜气调贮藏。

(2)适时无伤采收 锦丰梨是晚熟品种，在辽宁、河北和京津地区宜在 10 月上中旬采收。适时采收，果皮蜡质层较厚，品质风味都好，耐贮藏。采收早了，耐贮性差，易感病腐烂。锦丰梨肉脆多汁，易受伤染青霉病。所以，采运贮过程应避免伤损。

(3)采后防腐 锦丰梨采后防腐可同秋白梨，用18号洗果剂、噻菌灵等洗果，用多功能保鲜纸、乙氧基喹蜡纸单果包装，还可用厚0.01～0.02毫米的塑料薄膜袋单果包装，既保鲜，又防病。

(4)贮藏方法

①*普通贮藏* 可用土窑洞、通风库等场所，采后先经散热预冷，在15℃以下温度时，入贮须做防腐处理，可贮6～7个月。

②*冷库贮藏* 锦丰梨采后，做好防腐处理，入冷库，在温度0℃～1℃、空气相对湿度90%～95%条件下，可冷藏7～8个月。若采用厚0.03～0.04毫米塑料薄膜包装气调冷藏，应注意防止气体伤害；氧不能低于10%，二氧化碳不能高于2%。

30. 苹果梨的贮藏保鲜是怎样进行的?

苹果梨为吉林延边特产梨果，耐寒冷，在辽宁、内蒙古中北部发展栽培。苹果梨属脆肉无呼吸跃变型果实，贮藏后不会变软，耐贮藏。

苹果梨含可溶性固形物13%～14%，耐低温，贮藏适温0℃～1℃。苹果梨果皮虽厚，但易失水变黑，贮藏期要求空气相对湿度85%～95%(土窖藏85%～90%，冷藏90%～95%)。苹果梨不耐二氧化碳，一般不进行气调贮藏。

苹果梨应在充分成熟时采收，一般在9月下旬至10月上旬采收，切勿早采，否则，皮色差，可溶性固形物含量低，味淡，品质劣，且果皮蜡质少，呼吸强度大，易失水皱皮，耐藏性差。

苹果梨个大硬脆，采运中易受磕、碰、擦伤而使果皮变黑。因此，要特别注意避免伤损。采后应用纸或泡沫网单果包装，再装箱运贮。

(1)普通窖、库贮藏 苹果梨在产区多用土窖和通风库贮藏。

将梨采后经挑选无病伤果，包纸(网)后装箱，先在阴凉处散热预冷，待窖、库温降至10℃以下时入库堆码。贮藏期间加强通风，保持温度0℃～3℃和空气相对湿度85%～90%，可贮至翌年1～2月份。

(2)冷库贮藏 苹果梨采后经挑选包装，在库外经0.5～1天散热后，即可入贮。贮藏期间保持温度0℃和空气相对湿度90%～95%，加强通风。可贮至翌年3～4月份，损耗仅3%～5%。

31. 如何防治梨青霉病?

青霉病可引起贮藏期的梨果腐烂。一般危害不重，但是当梨果机械伤口多时可造成严重损失。病菌寄主范围广泛，除危害梨外，还可危害桃、杏、板栗等。

(1)危害症状 初期病斑为圆形，浅褐色或浅红褐色，软腐，下陷，可迅速烂及全果，有特殊的霉味，果肉味苦。天气潮湿时，病斑上出现小瘤状霉块，呈轮状排列，初为白色，后变成绿色，上覆粉状物即分生孢子。

(2)防治措施 防治青霉病应在采收、包装、贮运过程中尽量避免造成伤口；病果、伤果要及早处理，不能长期贮存；果窖和盛果旧筐等在梨果入窖前进行消毒，可用硫磺熏蒸，每立方米用硫磺20克，密闭24小时；及时清除烂果；1℃～2℃低温贮存，可减缓发病。

入贮前可采用仲丁胺200倍液浸果，也可用500毫克/千克抑霉唑浸果，防治效果较好。

32. 如何防治梨褐腐病?

梨褐腐病发生在梨果近成熟期和产后贮藏期。在东北、华北、西北和西南地区均有发生。北方各梨区常零星发生,有些果园发病重时,病果率可达10%～20%,危害较重。除梨外,还可危害苹果、桃、杏、李等核果类果实。

(1)危害症状 褐腐病只危害果实。初期为浅褐色软腐斑点,以后迅速扩大,几天可使全果腐烂。病果褐色,失水后,软而有韧性。后期围绕病斑中心逐渐形成同心轮纹状排列的灰白色至灰褐色 2～3 毫米大小的绒状菌丝团,这是褐腐病的特征。病果有一种特殊香味,多数果实脱落,少数也可挂在树上干缩成黑色僵果。

(2)防治措施 参考第十一问“如何防治苹果褐腐病”。

33. 如何防治梨软腐病?

梨软腐病一般零星发生,但是果实伤口多、贮藏期温度高时发生较重。

(1)危害症状 发病初期,在果实表面出现浅褐色至红褐色圆斑,后扩展成黑褐色不规则形软腐病斑。高温时,5～6 天内可使病果全部软腐。在病部长出大量灰白色气生菌丝体和黑色小点,即病原菌的孢子囊。

(2)防治措施

①及时清除病果,保持果园、果窖清洁外,关键是采收、贮运过程中减少果实的伤口。

②应用仲丁胺 200 倍液洗果或仲丁胺衍生物 18 号洗果及仲丁胺 1 号固体熏蒸剂熏蒸,均可获得较好的防腐效果。

34. 如何防治鸭梨黑心病?

鸭梨黑心病是贮藏过程中较常见的一种非传染性病害。除鸭梨外,雪花梨也容易感染此病。

(1)危害症状 贮藏前期发病,先在果心的心室壁和果柄的维管束连接处,形成芝麻粒大小的浅褐色病斑,然后向心室内扩展,使整个果心变为黑褐色,并向外扩展,使果肉发生界限不清的褐变,果肉组织发糠,风味变劣,一般果实外观无明显变化,如用手捏果面则有轻度软绵的感觉。严重时,果皮色泽发暗,果肉大片变褐,不堪食用。

(2)防治措施

①施用植物生长调节剂 花开后第二、第四、第六周及采前20天、10天喷0.3%硝酸钙,也可于7～8月份喷1次500毫克/千克增甘磷,可明显减轻发病。田间喷布B_9、赤霉素或萘乙酸等植物生长调节剂,有减少黑心病的趋势。

②鸭梨生长前期肥水要充足 以有机肥和复合肥为主,促使树体健壮。生长后期忌用大量的氮素肥料,并控制灌水量。

③控制果实成熟度 适当提早采收,有利于防止黑心病。据观察,河北鸭梨产区,将习惯于9月15日采收提前至9月5日采收,可减轻黑心病的发生。

④果实采后逐步降温、及时入库 鸭梨属于对低温敏感的品种,入库始温过低、降温速度过快,对鸭梨黑心病发生影响很大。河北省藁城市冷库鸭梨入库始温在7℃以上。开始时每5～7天降温1℃,后期改为2～3天降1℃,直至降至贮藏适温为止。从开始降温至贮藏适温,控制在30～35天。贮藏期稳定在－1℃～0℃的低温状态。

35. 如何防治梨果柄基腐病?

(1)危害症状 梨果柄基腐病,就是从果柄基部开始腐烂发病。通常又分为以下3种类型。

①水烂型 开始在果柄基部产生淡褐色、水渍状溃烂斑,很快使全果腐烂。

②褐腐型 从果柄基部开始产生褐色溃烂腐斑,往果面扩展腐烂,烂果速度较水烂型慢。

③黑腐型 果柄基部开始产生黑色腐烂病斑,往果面扩展,烂果速度较褐腐型慢。

(2)防治措施

①防止内伤 采收时或采后尽量不摇动果柄,防止内伤发生。

②贮藏条件 贮藏库保持空气相对湿度在90%～95%,防止果柄干燥枯死,减少发病率。

③采后处理 采后用1 000～2 500毫克/千克噻菌灵溶液洗果,有一定防治效果。

36. 不同葡萄品种的耐藏性如何?

葡萄品种较多,一般早、中熟品种不耐贮藏,晚熟品种较耐贮藏,如龙眼、玫瑰香等。另外,二茬巨丰也较耐贮藏。在耐藏的晚熟品种中,有色品种较无色品种耐藏,龙眼比玫瑰香耐藏。无核白、巨丰在贮藏中易发生掉粒现象,大大降低了其贮藏寿命和商品价值。

37. 葡萄贮藏的适宜环境条件是什么?

葡萄贮藏的适宜环境条件一般是:贮藏温度-1℃~0℃,空气相对湿度90%左右,气调贮藏时气体组合为氧3%~5%、二氧化碳3%。

38. 葡萄采前管理应该怎样进行?

用于长期贮藏的葡萄,应充分成熟后再采收,在气候和生产条件允许的情况下,采收期应尽量延迟。因为充分成熟的葡萄色泽好,糖分高,果皮表面蜡粉较多,果皮厚、韧性强,较耐贮藏。采前1周要停止灌溉,以减少果实的腐烂。采摘时要剔除病粒、破粒,轻拿轻放,以减少机械损伤。

39. 葡萄贮前如何进行防腐处理?

为减少葡萄贮藏中的腐烂,无论采用何种贮藏场所,均应进行防腐处理,生产上多采用二氧化硫处理、仲丁胺药剂处理等措施。

(1)二氧化硫处理 将筐装或箱装的葡萄堆码成垛,罩上塑料帐,以每立方米容积用硫磺2~3克的剂量,使之充分燃烧产生二氧化硫,熏20~30分钟,然后解开薄膜帐通风。以后的贮藏过程中还要定期检查,并进行第二次、第三次二氧化硫处理。

二氧化硫处理的另一种方法是利用亚硫酸盐,如亚硫酸氢钠、亚硫酸氢钾等,使之缓慢释放出二氧化硫气体。可按葡萄贮藏量的0.3%称取亚硫酸氢钠,与其2倍的无水硅胶充分混合后,分包成每包3~5克的若干个小包,在纸箱的葡萄上放1~2层纸,将药包分摆在纸上,再用箱内衬垫的包装纸将其封在箱内,然后堆码入库。纸包中的亚硫酸氢钠吸水后会释放出二氧化硫，起到防腐作用。硅胶混合在药物中的作用是吸收周围的水分，避免亚硫酸氢钠迅速吸水集中释放二氧化硫，使靠近药包的葡萄发生药害，同时药剂会很快失效。

应注意的是，不同葡萄品种对二氧化硫的耐受力不同，大批量贮藏时应先进行小试。另外，二氧化硫对大部分水果和蔬菜都有害，处理时除葡萄以外的水果和蔬菜都应避开。二氧化硫对人的呼吸道和眼睛有强烈的刺激作用，操作时应注意。

(2)仲丁胺处理 按每 100 千克葡萄使用仲丁胺药液 10 毫升的比例，利用塑料薄膜大帐进行熏蒸处理。生产上也可用三乙膦酸铝（仲丁胺的稀释液）进行熏蒸，一般是每 100 千克葡萄使用三乙膦酸铝 6 克左右，或每立方米空间使用三乙膦酸铝 14 克左右。

上述熏蒸处理的时间以 12 小时左右为宜。用药量大时可短一些，反之时间可稍长些。

40. 为什么要重视葡萄贮藏包装？

葡萄是浆果，贮、运、销过程中易受损伤，遭致落粒和腐烂。葡萄不宜多次翻倒，应将采收、运输、贮藏、包装销售一体化，要求从树上选择优穗小心剪下，立即修剪去病、伤、残粒，放入衬有塑料袋的包装箱内。在运、贮、销过程中，将不再翻倒重新包装，以减少伤损。以前，我国葡萄贮藏包装是以 20 千克以上的大筐或大木箱包装为主，贮运销过程中损耗较大，近年已普遍改成纸箱或木箱小包装，提倡标准容量 10 千克或 5 千克的纸箱包装，单层摆放。有条件的可在箱底衬垫软塑泡沫或软纸，或单果穗套装塑膜纸袋，再放入泡沫塑料箱，或箱内垫新鲜锯末、细碎刨花，以减少伤损。

41. 葡萄产地简易贮藏保鲜技术有哪些?

葡萄产地简易贮藏保鲜技术主要有室内或地窖贮藏、缸(罐)藏、保鲜剂处理贮藏等。

(1)室内或地窖贮藏 将采下的葡萄装入衬有3～4层纸的筐或箱内,放在阴凉处预贮,以散去田间热,降低果温。预贮场所地面应垫枕木或砖,以利于通风,葡萄上需盖苇席遮阴。待气温下降,室外开始出现霜冻时将葡萄搬入室内或地窖中贮藏。贮藏开始时应进行防腐处理。

室温或窖温应尽可能控制在－1℃～0℃,湿度低时,应经常洒水加湿,保持空气相对湿度90%左右。只要温、湿度管理得当,一般可贮藏至春节以后。有的葡萄产地采用室内或窖内搭架的方法贮藏。用木料搭成双层架,每层铺苇席,将葡萄排列其上,厚30～40厘米。最上面盖纸,温度过低时再增加覆盖物。

(2)葡萄的缸(罐)贮藏 选择未盛过酸、碱、盐、油的缸或罐,用清水洗涤干净,倒置控水,然后放正。用70%酒精或60°的白酒擦拭内壁,进行消毒处理。待葡萄成熟且气温降至葡萄有受冻危险时,将果穗剪下,逐层放入缸内,每层葡萄之间用竹箅或秫秸编织的帘子隔开,以防葡萄层与层之间压伤,又便于通风。装满后用塑料薄膜封口、扎紧,置于阴凉处贮存,贮存温度以0℃左右为宜。也可将装满葡萄的缸或罐封口后埋入背阴处的地下,上面再盖厚20～40厘米的土,以免积水。这样贮至元旦或春节,葡萄果实仍然新鲜可口。

(3)用S-M和S-P-M防腐保鲜剂贮藏葡萄 S-M和S-P-M防腐剂为白色片剂,在一定的温、湿度下,能缓慢地释放出二氧化硫气体,起到杀菌防腐的作用。选好果穗,装箱时加入药剂,每箱装葡萄7.5～10千克,并将果柄朝上排列,然后将果箱放入贮藏场所进行贮藏。

保鲜药剂的加入方法：将药剂装入透气的塑料小袋中（可在塑料小袋上用针刺几个小孔），把这些小袋均匀地分散在葡萄的底层和上层（箱内衬上蜡纸），然后在葡萄上面盖上纸和薄膜。防腐剂的用量通常是葡萄量的0.25％，即每千克葡萄用药2片（每片0.62克）。

(4)冷库贮藏

葡萄采收后及时运往冷库，入库后尽快降低温度，贮藏适温0℃～1℃，空气相对湿度85％～95％．葡萄在贮藏中容易发生的主要问题是干枝、掉粒和腐烂。在较低的湿度中，果粒不易腐烂，但易失水皱缩、穗梗干枯，极易掉粒。而空气湿度太高，又容易引起真菌生长，造成腐烂。为了克服两方面的困难，要求在冷库内维持较高的空气湿度，延缓枝梗干枯。同时采用防腐措施，阻止真菌繁殖，避免果实腐烂。

在冷库贮藏中，硫处理是目前提高葡萄贮藏质量普遍采用的方法。二氧化硫对葡萄上常见的真菌病害如灰霉菌等，有强烈的抑制作用，只要使用剂量适宜，对葡萄没有不利的影响。而且用二氧化硫处理过的葡萄，其代谢过程也受到一定的抑制。但二氧化硫浓度过高，会造成果实漂白现象。

用硫处理，既可用二氧化硫直接熏蒸，也可用重亚硫酸盐缓慢释放二氧化硫进行处理，需根据具体条件试验采用。二氧化硫熏蒸，可将入冷库后筐装或箱装的葡萄堆码成垛，罩上塑料薄膜帐，以2～3克/米^{3}硫磺剂量，使之完全燃烧生成二氧化硫，熏20～30分钟，然后揭开薄膜帐通风。在熏后10～15天再熏1次，以后隔1～2个月1次。这样可在温度0℃左右、空气相对湿度90％以上的环境中长期贮藏。也可从钢瓶中直接放出二氧化硫充入帐中。

用重亚硫酸盐如亚硫酸氢钠、亚硫酸氢钾或焦亚硫酸钠等缓慢释放二氧化硫，也能达到防腐保鲜的目的。处理时先将重亚硫酸盐与研碎的硅胶混合均匀，比例为亚硫酸盐2～3份和硅胶1份，将混合物包成小包或压成小片。也可将药物预先夹在双层纸的隔板中。每包混合药物3～5克，根据筐或箱内葡萄的重量，按大约含重亚硫酸盐0.3%左右的比例放入混合药物（焦亚硫酸钠释放的二氧化硫比亚硫酸氢钠多，可少用一些）。箱装葡萄可在葡萄上层盖1～2层纸，将小包混合药物放在纸上，然后堆码，筐装葡萄则宜将混合药物与葡萄混装，使葡萄吸收二氧化硫均匀。

葡萄因品种和成熟度不同，耐受二氧化硫浓度不同，一般在熏蒸时，葡萄中二氧化硫在10～20毫克/升比较安全。因此，在大规模用于运输或贮藏时，应进行必要的试验。浓度不足，达不到防腐的目的，浓度太高又易使果粒退色漂白，严重时果实组织结构也受到破坏。此外，二氧化硫对铁、锌、铝等金属有强烈的腐蚀作用，因此，冷库中机械装置应涂抗酸漆保护，每年在葡萄出库后检查清洗。二氧化硫对呼吸道和眼睛等黏膜有强烈的刺激作用，工人进出库内，应戴防护面具以保安全生产。

42. 红地球葡萄贮藏保鲜技术要点有哪些？

红地球葡萄属欧洲种中的杂交品种，一般都认为它是最耐贮运的品种之一。但是我国生产与贮藏实践表明，红地球葡萄是“既耐贮又难贮”。说它难贮藏，是因为该品种不抗二氧化硫型防腐保鲜剂，还有它的果梗、穗梗易干枯。国外对红地球葡萄贮藏多是用气调冷库，并以二氧化硫发生器进行定时、定量通入冷库熏蒸的方法，这不仅需要调温、调气、调湿设备，还需要二氧化硫发生、清洗、隔离帐等系列设备，投资大、耗能高。国内虽然已有设备引进，但工艺技术流程不配套，干梗较严重，尚处试用阶段。

在普通冷库预冷和贮藏保鲜有以下关键点：

第一，葡萄生长发育期，特别是果实生长后期极易感染贮藏中的最大病害——灰霉病，严重时，可在葡萄采收前揭除套袋的几天时间里，立即就可染上灰霉病。所以，要抓住葡萄萌芽后2～3叶期、花前花序分离期、果穗套袋前喷好3次以防灰霉病为主的杀菌剂；成熟期，特别是揭掉果袋后及采收前要喷1次液体防腐保鲜剂。葡萄采收前绝不允许使用葡萄生长期田间防病杀菌剂。

第二，该品种果实表面，看似果粉较厚，但在显微镜下观察发现，果皮表面果粉分布不均衡，有很多几乎无果粉、呈蜂窝状的空洞。在贮藏中，果皮表面产生“渗糖”，即有果汁从果内渗出，形成“水珠”，这些果粒破损流出的汁液，就为各类贮藏病菌提供了极好的培养“饲料”。主要危害菌有黑根霉、青霉、链格孢霉等。克服方法是增施有机肥和磷、钾肥，增加果皮厚度和含糖量。通常果实含糖量大于17%以上的葡萄，“渗糖”情况很少发生。微细观察，出“水珠”部分多有小的裂缝。因此，采收、装箱、贮运中防止磕、压、刺、摩伤很重要。

第三，干梗是红地球品种贮运中极难克服的问题，即便是从国外进口的红地球，干梗也很严重，完全解决难度较大。据显微观察，其果梗的蜡质层薄、凸凹不平、比表面积大、易失水是其根本原因。应注意如下技术环节，使用花序拉长剂时，用药浓度不要高于5毫克/千克，以免因花序拉得过长而变细；入贮果实行单果包装，既减少敞口预冷时间偏长时的果梗失水，又可减少二氧化硫伤害；果实成熟期天气过于干旱，应适当补充土壤水分，避免采收前已经干梗；采前喷施液体防腐保鲜剂内加入防止失水的涂被剂；采前防治灰霉病、白腐病及链格孢霉菌的侵染和危害，这些真菌病既危害果，也危害果梗及果穗轴、果穗分枝，贮藏中表现为干黑梗、干褐梗。

第四，红地球属低酸低糖型品种，不耐保鲜剂释放的二氧化硫，极易出现漂白。解决方法是综合应用防腐保鲜剂，包括采前液体防腐保鲜剂的喷洒或浸药；应用复合型保鲜剂及双向释放型保鲜剂(快速释放+缓慢释放);使用单层包装箱和单果穗包装,适当延长预冷时间,防止袋内有结露现象;采前15天停止灌水,如遇成熟期阴雨连绵天气或后期雨水偏多,要推迟采收期,缩短贮藏期;树上修整果穗,树上分级,一次装箱;保持贮运环境温度的一致性,防止温度波动;注意码垛方式,加大箱与箱、垛与垛之间的间距,通风道宽大于1米,靠库壁留出大于20厘米的散热带,库底留出大于15厘米的散热带,并缩小每个垛的容积。

第五,红地球葡萄相对含糖低,果实品温要高些,最低品温为-0.8℃。预冷时,当果温达到0℃时立即停止预冷。

与红地球品种相似的还有圣诞玫瑰和红宝石(即红意大利)及其他晚熟、极晚熟低酸低糖型品种。

43. 秋黑葡萄贮藏保鲜技术要点有哪些?

秋黑葡萄属欧洲种极晚熟耐贮运的硬肉、高酸高糖型品种。贮藏中注意如下事项:

第一,在不遭受霜冻的前提下,尽量推迟采收,以利于增糖,增强贮藏性。

第二,对二氧化硫耐受性强,放入的保鲜剂量参照巨峰品种,放药量要足,每5千克包装箱可放CT 2防腐保鲜剂10~11包。

第三,能够耐受高二氧化碳(5%~10%)和低氧(2%~3%),应使用较厚的聚乙烯和聚氯乙烯保鲜膜,膜厚应大于0.04毫米。

第四,耐低温能力强。贮藏温度为-1℃~-0.5℃(果温)。

龙眼、玫瑰香等品种均属于和秋黑类似的品种。

44. 牛奶葡萄贮藏保鲜技术要点有哪些?

牛奶葡萄属皮薄、梗绿、肉脆型品种,为采收装箱运输过程中易破损、易压伤、易脱粒、易腐烂、不抗低温、不抗二氧化硫的难贮藏的品种。贮藏中应注意如下事项：

第一，延迟采收。牛奶葡萄属中晚熟品种，成熟后，可相当一段时间留在树上，不仅不会影响果实外观和风味品质，而且还能提高果实含糖量、硬度和耐藏性，故宜通过延迟采收来延长时间。

第二，用单果包装袋和单层包装箱，防破损、脱粒。

第三，该品种对二氧化碳敏感，应用透气性强、厚0.02～0.03毫米的聚乙烯和聚氯乙烯保鲜袋。

第四，牛奶葡萄对二氧化硫敏感。应采用与红地球品种相似的防止果实漂白的技术措施。

第五，在贮运中，牛奶葡萄果皮易出现变暗或变成浅褐色等变色现象，为酶促褐变和非酶促褐变两种因素所致。解决方法是控制贮藏果温为－0.5℃～0.5℃，防止低温引起的褐变；使用厚0.02毫米、0.03毫米聚乙烯和聚氯乙烯保鲜袋，防止高二氧化碳和低氧引起褐变；精细采收，防止压、摩变色。易出现褐变的品种还有优无核、森田尼无核、意大利等品种。

与牛奶品种相似的有在新疆被称为马奶的品种，还有木纳格、理查马特、美人指、女人指、矢富罗莎及一些国外引进的无核品种，但不包括新疆无核白。

45. 葡萄贮户应注意哪几个问题？

(1)及早发现问题，及早处理

①当贮户发现果实腐烂现象，并有加重的趋势时，可采取如下措施：将库温下调0.5℃，最低至－1.5℃，并抓紧销售；将库温下调1℃，最低至－2℃或再低些，这种情况下，果梗将受冻，果粒不会受冻；使用小型酿酒设备酿制葡萄酒；早期发现霉变、腐烂，证实是放药量不足时，可通过增加药剂投放量，缓解腐烂的进展速度，

并抓紧销售。

②当贮户发现漂白现象超出正常情况时，并证实是放药量过大或用药种类有问题，则应调整用药量到适宜程度，即适当减少用药量；减缓药剂释放量，控制引起保鲜剂释放快的环境条件，如降湿、降温、稳定温度等。

(2)精细操作、步步到位 贮户一定要明白，葡萄是一个活体，它受品种、栽培、气候、贮藏环境条件等多种因素影响；贮藏葡萄是个系统工程，在操作中要精细，步步都要到位，才能贮好葡萄。

(3)不追求贮期长，而追求效益 新贮户不要期望值过高，不要追求贮期长和最高价位，应坚持“短贮、快售”、“有盈利就出库”的原则。市场是变幻的，但也有其自身规律可循。与苹果、梨、柑橘比较，葡萄更要求“精细的贮藏”和“多环节配合”。因为有“难的一面”，才有盈利的更大空间。正是“好贮的，不一定好卖”，“好卖的，不一定好贮”，所以贮藏葡萄的利润空间也较大。只要贮户能认真学习，不断总结经验，葡萄贮藏会给你带来可观的效益。

46. 如何防治葡萄炭疽病？

葡萄炭疽病又称晚腐病，在我国各葡萄产区发生较为普遍，危害果实较重。在南方高温多雨的地区，早春也可引起葡萄花穗腐烂。

(1)危害症状

①*花穗腐烂* 受炭疽病菌侵染从花穗白花顶端的小花开始，顺着花穗轴、小花、小花梗初变为淡褐色湿润状，逐步变为黑褐色腐烂，有的是整穗腐烂，有时有几朵小花不腐烂。腐烂的小花受震动易脱落。华南地区，3～4月份葡萄开花坐果期间常遇连绵不断的春雨，空气湿度很大，不少葡萄园普遍发生炭疽病菌侵染的花穗腐烂，有的病穗率达20％～30％。

②果腐　果实受侵染，一般转色成熟期才陆续表现症状。病斑多见于果实的中下部，初为圆形或不规则形，水渍状，淡褐色或紫色小斑点，以后病斑逐渐扩大，直径可达 8～15 毫米，并转变为黑褐色或黑色，果皮腐烂并明显凹陷，边缘皱缩呈轮纹状。病、健组织交界处有僵硬感。发病严重时，病斑可扩展至半个以至整个果面，或数个病斑相连引起果实腐烂。腐烂的病果易脱落。

③果枝、穗轴、叶柄、嫩梢及叶片　受侵染后，产生深褐色至黑色的椭圆形或不规则短条状的凹陷病斑。果梗、穗轴受害严重时，可影响果穗生长以至果粒干缩。叶片受害时多在叶缘部位产生近圆形或长圆形暗褐色病斑，直径 2～3 厘米。

(2)防治措施

①搞好清园工作　结合秋季及夏季整形修剪，清除留在植株上的副梢、穗梗、僵果、卷须等，并把落于地面的果穗、残蔓、枯叶等彻底清除，集中烧毁，以减少果园内病菌来源。

②加强栽培管理　生长期要及时摘心、绑蔓，使果园通风透光良好，以减轻发病。同时，要及时摘除副梢，防止树冠过于郁闭，以抑制病害的发生和蔓延。注意合理施肥，氮、磷、钾三要素应适当配合，要增施钾肥，以提高植株的抗病力。雨后要搞好果园的排水工作，防止园内积水。

此外，对一些高度感病品种或严重发病的地区，可以在幼果期采用套袋方法防病。

③喷药保护　葡萄生长期喷药，以在果园中初次出现孢子时，即于 3～5 天内开始喷第一次药；以后每隔 15 天左右喷 1 次，连续喷 3～5 次。在葡萄采收前半个月应停止喷药。防治葡萄炭疽病的药剂，以 80%炭疽福美可湿性粉剂 500 倍液，或 50%福美甲胂可湿性粉剂 800～1 000 倍液及 5%甲基胂酸铁铵 500 倍液较好；为了提高药液的黏着性能，可加入 0.03%皮胶或其他黏着剂。此外，也可喷施 1∶0.5∶200 波尔多液，或 65%代森锰锌可湿性粉

剂 500～600 倍液，或 75％百菌清可湿性粉剂 500～800 倍液。

④**其他措施** 采前 1～2 天果穗喷布 1 次 1 000 毫克/千克噻菌灵药液，杀灭部分果实表面或果粒、果梗浅层侵染的病菌，减轻采后贮运中的危害。采收时剔除有病的果穗和果粒，并及时装箱，入库预冷。贮运中应用化学防腐，常用的药物有 CT 2 号保鲜剂等硫制剂、CT1 号仲丁胺固体熏蒸剂。贮藏温度保持在－1℃～0℃，可完全控制该病的危害。

47. 如何防治葡萄拟茎点霉腐烂病?

葡萄拟茎点霉腐烂病是贮藏期间常见的病害之一。

(1)危害症状 该病发病初期，在果粒上产生直径约 1 毫米的淡褐色斑点；幼果时期的病斑到成熟时才扩大，呈水浸状软化腐烂；后期病斑直径为 10～20 毫米，有时病斑可发展至果粒的一半，贮藏期常发病致使果粒腐烂。

(2)防治措施

①清除或烧毁病果、落叶、枯枝。

②避免在葡萄园周围种植梨、苹果、桃等果树，以防传染。

③及时采收已成熟的果穗。应用仲丁胺或 CT 2 号硫制剂保鲜片防腐，可控制此病的危害。

48. 如何防治葡萄灰霉病?

葡萄灰霉病引起花穗及果实腐烂。该病分布很广，是葡萄产前、产中、产后的主要病害之一。葡萄酿酒时如不慎混入灰霉病的病果，在发酵中由于病菌的分泌物，可造成红葡萄酒颜色改变，酒质变劣。长期贮藏中，该病的危害甚烈，是造成果穗腐烂的主要原因之一。

(1)危害症状

①花穗及果穗　花穗和刚落花后的小果穗易受侵染。发病初期被害部位呈淡褐色水渍状，很快变成暗褐色，整个果穗软腐。潮湿时病穗上长出一层鼠灰色的霉层，细看时还可见到极微细的水珠，此为病原菌物分生孢子梗和分生孢子，晴天时腐烂的病穗逐渐失水萎缩、干枯脱落。

②新梢及叶片　产生淡褐色、不规则的病斑。病斑有时出现不太明显轮纹，也长出鼠灰色霉层。

③果实　成熟果实及果梗被害，果面出现褐色凹陷病斑，很快整个果实软腐，长出鼠灰色霉层，果梗变黑色，不久在病部长出黑色块状菌核。

(2)防治措施

①果园清洁　在病残体上越冬的菌核是主要的初侵染源。因此，结合其他病害的防治，彻底清园和搞好越冬休眠期的防治；春季发病后，于清晨露水未干时，仔细摘除和烧毁病花穗，以减少再侵染病源。

②加强果园管理　控制速效氮肥的使用，防止枝梢徒长，抑制营养生长；对过旺的枝蔓进行适当修剪，或喷生长抑制剂，搞好果园的通风透光，降低田间湿度等，有较好的控病效果。

③药剂防治　花前喷1～2次药剂预防，可使用50%多菌灵可湿性粉剂500倍液，或70%甲基硫菌灵可湿性粉剂800倍液等有一定效果。50%乙烯菌核利可湿性粉剂在葡萄上使用，每667米^2(1亩)用0.7～1千克喷雾，在开花结束时，幼穗期至收获前3～4周共喷3～4次，对灰霉病有很好的防治效果。但灰霉病菌对多种化学药剂的抗性较其他真菌都强。

④产中、产后防治措施　采前1～2天喷布CT果蔬液体保鲜剂100倍液或1 000毫克/千克噻菌灵，采后贮藏中应用CT 2号保鲜剂等防腐处理，配合简易气调(氧5%、二氧化碳3%～4%)贮

藏技术，可获得较好的防治效果。

49. 如何防治葡萄青霉病?

青霉病是葡萄贮藏期间一种较常见的病害，密闭的包装箱里，一旦出现病果，腐烂便会迅速地扩展开来，造成大量烂果，甚至全箱腐烂，危害甚为严重。

(1)危害症状 受害果实的组织稍带褐色，逐渐变软腐烂，果梗和果实表面常长出一层相当厚的霉层。霉层开始出现时呈白色，较稀薄，此为病菌的分生孢子梗和分生孢子，当其大量形成时，霉层变为青绿色，较厚实。受害果实均有霉败的气味。

(2)防治措施 详见葡萄灰霉病的防治措施。

50. 什么是葡萄二氧化硫伤害?

(1)危害症状 葡萄粒上产生许多黄白色凹陷的小斑，与健康组织的界限清晰，通常发生于蒂部，严重时整穗葡萄上大多数果粒局部褪色，甚至整粒果呈黄白色，最终被害果实失水皱缩，但穗茎能较长时间保持绿色。

(2)防治措施 对葡萄采用点燃硫磺产生二氧化硫的方法处理时，应采用低浓度，分次处理的方法。对于不耐二氧化硫的品种，要使用较低的浓度，并先做剂量试验，以免造成较大的损失。研究指出，葡萄经 5～18 毫克/千克二氧化硫熏蒸处理，足以控制灰霉病的发生，在连续作用条件下，空气中二氧化硫的浓度应保持在 80～300 毫克/千克，这样宽的浓度幅度在实际应用时就应充分考虑，根据不同品种和其他情况灵活掌握。如果采用亚硫酸盐缓释剂与葡萄一起放入保鲜袋，则果实封袋前对葡萄必须进行良好的预冷处理，确实把果实的品温在尽量短的时间内降至 0℃后(正常年份巨峰葡萄的预冷时间一般不得超过12小时,红地球葡萄的预冷时间一般不超过24小时),再扎紧袋口。贮藏期间保持−1℃～0℃的恒定低温,以保证袋内不结露和水汽,就可使二氧化硫的挥发缓慢而均匀,减免二氧化硫伤害。必须注意不同的品种对二氧化硫的耐受性相差很大,绝不能把贮藏巨峰、龙眼等葡萄的保鲜剂用量,用于不耐二氧化硫的红地球等品种上。

51. 山楂贮藏的适宜环境条件是什么?

山楂贮藏的适宜环境条件一般是:温度−2℃～0℃,空气相对湿度90%～95%(贮藏温度2℃～4℃时,要求空气相对湿度85%～90%),气调贮藏时氧7%～15%、二氧化碳5%～10%。

52. 山楂的采收是怎样进行的?

贮藏用山楂应适时采收,即果实变为红色、果点明显、果柄产生离层时采摘。贮藏的山楂果实,采摘时应用剪刀剪断果柄或用手摘,采用摇树或用竹竿打落的果实,因碰撞等伤害多而不能进行长期贮藏。落地果、虫果、成熟度高的果实不宜贮藏。山楂采后应放在阴凉处,散热一天后装袋,散热时果堆厚度不宜超过30厘米,且不要过早扎口入库,否则山楂会因受热出现生理褐斑。

53. 山楂贮藏中应注意哪些问题?

进行山楂贮藏时,首先,应注意选用耐藏性较强的品种进行贮藏。一般来说,果型大、肉质松的品种(即果农所说的面楂类品种,如大金星、糯山楂等)耐藏性较差,而果型较小、肉质坚硬的品种(即果农所说的铁楂,如铁球、紫珍珠、朱砂红、硬头红等)较耐贮藏。其次,山楂贮藏过程中,调节与控制贮藏场所中的温、湿度,是保质、保鲜、延长贮藏期的重要技术措施。因此,切实掌握低温、防热、保湿、透气的四条原则,是提高山楂果实的耐藏性、降低损耗、保证质量的极其重要的技术环节。

54. 山楂贮藏保鲜技术有哪些?

山楂的贮藏保鲜技术与苹果相类似,可参照苹果的贮藏保鲜技术进行。但在气调或塑料薄膜简易气调贮藏时,山楂果实贮藏前期可以耐受较高浓度的二氧化碳和较低浓度的氧(10～11 月份及时将氧控制于 7%～10%、二氧化碳 7%～10%),而贮藏后期(翌年 2～3 月份)则需要较高浓度的氧和较低浓度的二氧化碳(氧 15%、二氧化碳 1%～3%),否则会造成果实变质和腐烂。

55. 不同桃品种的耐藏性如何?

不同桃品种间的耐藏性差异很大。一般早熟品种不耐贮运,如五月鲜、水蜜桃等一般不耐贮藏;中晚熟品种的耐贮运性较好,如肥城桃、深州蜜桃、陕西冬桃等则较耐贮运。另外,大久保、白凤、冈山白、燕红、21 世纪等品种也有较好的耐藏性。离核品种、软溶质品种耐藏性差。

56. 桃贮藏的适宜环境条件是什么?

桃贮藏的适宜环境条件一般是:温度 0℃～3℃,空气相对湿度 90%～95%,气体条件氧 3%～9%、二氧化碳 1%～5%。

57. 桃果实的采收是怎样进行的?

选择适宜采收期，主要由品种特性、用途及贮运技术等因素来决定。目前生产上将桃的成熟度分为如下等级。

(1)七成熟 底色绿，果实充分发育，果面基本平展无坑洼，中晚熟品种在缝合线附近有少量坑洼痕迹。果面毛茸较厚。

(2)八成熟 绿色开始减退，呈淡绿色(俗称发白)。果面丰满，毛茸减少，果肉稍硬，有色品种阳面少量着色。

(3)九成熟 绿色大部分减退，不同品种呈现出该品种应有的底色。背阴面局部仍有淡绿色。毛茸少，果肉稍有弹性，芳香，有色品种大部着色。表现出了品种的风味特性。

(4)十成熟 果实毛茸易脱落，无残留绿色。溶质品种柔软多汁，皮易剥离。软溶质桃稍压即流汁破裂;硬溶质桃虽不易破裂，但易压伤。硬肉桃开始软绵。不溶质桃弹性较大。

一般就地鲜销宜于八九成熟时采收，长途运输时可于七八成熟时采收。用于贮藏的桃以七八成熟采摘为宜。

58. 桃果贮藏保鲜技术有哪些?

桃果实的贮藏保鲜技术主要有冰窖贮藏、冷藏和简易气调贮藏。

(1)冰窖贮藏 该法是我国传统的自然低温贮藏法。北方于大寒前后人工采集天然冰块或洒水造冰。冰块厚0.3～0.4米、长宽各1米，贮于地下窖中。待夏季桃成熟时用于桃贮藏降温。

选耐藏性较好的肥城桃或陕西冬桃，适时无伤采收，预冷后装箱运往冰窖。窖底及四壁留厚0.5米的冰块，将果箱堆码其上，一层果箱一层冰块，并于间隙处填满碎冰。堆好后顶部覆盖厚约1

米的稻草等隔热材料，以保持温度相对稳定。

该法可将8月下旬入贮的鲜桃贮至立冬，并可移入普通窖内继续贮存，甚至可贮至元旦。

冰窖贮藏时应注意封闭窖门，尽量将窖温控制在－0.5℃～1℃。

(2)冷藏 将硬熟采收、经预冷的果实装箱，置于温度0℃～5℃、空气相对湿度85%～90%的冷库中，一般可贮藏3周左右，晚熟品种贮藏期更长些。

(3)简易气调贮藏 果实于0℃下、氧1%和二氧化碳5%的气调环境中可贮藏6周，比空气中冷藏的贮藏期延长一倍。在气调帐或袋中加入浸过高锰酸钾的砖块、沸石吸收乙烯效果更好。天津市农业科学院林果所和中国农业科学院果树研究所研制的保鲜袋和CT系列气调保鲜剂，可用于自发气调贮藏。据试验能在0℃～2℃条件下贮藏2个月，25℃～30℃条件下保鲜8～10天。

59. 水蜜桃如何贮藏保鲜?

水蜜桃是较难贮运的水果。目前，由中国科学院植物研究所、中国预防医学科学院食品营养卫生研究所等单位反复试验，基本上解决了技术难关。主要做法是：对山东肥城县的水蜜桃采用广谱抗霉药物AF-2药纸包果，再加上高效乙烯吸附剂，在3℃～5℃冷库中进行简易气调贮藏，保鲜期40天，好果率达97%；对北京水蜜桃采用硅窗气调小包装贮藏代替普通冷藏，保鲜期还可延长。

60. 油桃贮藏时与一般桃有哪些不同?

油桃是近年发展栽培的新品种，贮藏特性基本同一般品种桃。在温度－0.5℃～0℃、空气相对湿度90%～95%条件下，若配合氧2.5%和二氧化碳5%气调贮藏可使油桃贮藏45天以上。油桃比桃更容易萎蔫，贮藏时油桃失水4%～5%，就可以看出明显的萎蔫，其有效保护措施是用聚乙烯薄膜衬包和打蜡，并降低贮藏库空气流速。油桃采后迅速冷却至4℃以下，对延缓后熟非常有效。若将耐藏品种的油桃，采后迅速降温预冷，再加膜包装气调冷藏15～20天后，解除气调，移至18℃～20℃室温空气中，升温处理2天，再用塑料薄膜包装气调冷藏，可明显延长贮期，并避免或减轻冷害。

61. 桃长途运输时的基本要求有哪些？

一般选择中晚熟品种的桃用于长途运输，在八成熟时采收。虽然运输时间一般比贮藏的短，但也应保持较低的温度，适宜的温度是1℃～2℃，如果没有冷藏保温车，也应尽量在5℃～10℃条件下运输，最好不超过12℃。无论采用何种方法运输，都应先预冷，再装车，才能使果温下降，减少损失。运输中，果实也可采用塑料薄膜包装，自发气调。

62. 不同杏品种的耐藏性如何？

杏果可按成熟期、果实颜色、肉质、肉核黏着度、茸毛有无等分类。以肉质分，有水杏类、肉杏类、面杏类，水杏类果实成熟后柔软多汁，适于鲜食，但不耐贮运；面杏类果实成熟后果肉变面，呈粉糊状，品质较差；只有肉杏类果实成熟后果肉有弹性，坚韧，皮厚，不易软烂，较耐贮运，且适于加工，如河北的串枝红、鸡蛋杏，山东招远的拳杏、崂山红杏，辽宁的孤山杏梅等。以果面茸毛有无分，无毛杏果面光滑无毛，有蜡质或少量果粉，擦之有光泽，果肉坚韧，较耐贮运，如甘肃敦煌的李光杏，河北隆化的李子杏、平乡的油光杏等。此外，适于贮藏的品种还有张公园、大接杏、兰州金妈妈、山黄杏、沙金杏、里枝杏及礼泉的二转子等。

63. 杏果贮藏的适宜环境条件是什么?

杏果贮藏的适宜环境条件一般是：温度0℃～2℃，空气相对湿度90%～95%，气调贮藏时氧3%～5%、二氧化碳2%～3%。

64. 杏果的采收是怎样进行的?

确定适宜采收成熟度是贮藏杏果的关键，成熟度的判断可根据果实发育天数、果实色泽变化、果皮和果肉的质地、果实的芳香风味以及果实着生的牢固性等因素来临时决定。

用于贮藏的杏果应在果实达到品种固有的大小、果面由绿色转为黄色、向阳面呈现品种固有色泽、果肉仍坚硬、约八成熟时采收。产地贮藏或远销的果实于此时采收，可以有足够的时间进行包装处理。

由于杏果的成熟期与麦收同期，为节省劳力，可以用化学药剂辅助采收。据试验，硬核期喷布0.1% B_9 +0.1%展着剂，可使成熟期提前3天，且成熟期一致，并对杏果品质有良好影响。

65. 杏果的贮藏保鲜技术有哪些?

杏果的贮藏保鲜技术主要有冰窖贮藏和低温气调贮藏。

(1)冰窖贮藏 冰窖的结构见桃的“冰窖贮藏”。将杏果用箱或筐包装，放入冰窖内，窖底及四周开出冰槽，底层留厚0.3～0.6米的冰垫底，箱或筐依次堆码，间距6～10厘米，空隙填充碎冰，码6～7层后，上面盖厚0.6～1米的冰块，表面覆以稻草，严封窖门，贮藏期抽查，及时处理变质果。

(2)低温气调贮藏 由于气调贮藏的杏果需适当的早采，采后用0.1%高锰酸钾溶液浸泡10分钟，取出晾干，这样既有消毒、降温作用，还可延迟后熟衰变。将晾干后的杏果迅速装筐，预冷12～24小时，待果温降至20℃以下，再转入贮藏库内堆码，筐间留有间隙5厘米左右，码高7～8层，库温控制在0℃左右，空气相对湿度85%～90%，配以5%二氧化碳+3%氧的气体成分。在这样的贮藏条件下效果最好。但对低温较敏感的品种不宜采用。这样贮藏后的杏果出售前应逐步升温回暖，在18℃～24℃条件下进行后熟，有利于表现出良好的风味。

66. 杏果贮藏中应注意哪些问题?

(1)冻害 杏果即使在适宜的冷藏条件下贮藏，时间稍久，也会因多元酚积累而产生褐变及软化。防治方法是掌握恰当贮期。

(2)二氧化碳伤害 在高二氧化碳影响下，杏果会出现胶状生理败坏。注意采用气调贮藏时，避免二氧化碳浓度过高，贮期不宜过长。

67. 不同李品种的耐藏性如何?

一般而言，早熟品种的李果实耐藏性较差，中晚熟品种耐藏性较好。我国栽培的主要优良耐藏品种有西安的大黄李、河南的济源甘李、广东从化的三华李、辽宁葫芦岛的秋李等。

68. 李果贮藏的适宜环境条件是什么?

李果贮藏的适宜环境条件一般是：温度0℃～1℃，空气相对湿度85%～90%，气调贮藏时的气体条件为氧3%～5%、二氧化碳5%。

69. 李果的采收是怎样进行的?

用于贮运的李果，宜在果实充分长大、果粉形成，并开始呈现固有色泽、芳香，但肉质仍紧密的硬熟期采收。成熟度的判断主要以果皮和果肉的色泽变化为依据，紫色品种皮浓紫色，果粉紫褐色，果肉深红色；黄色品种皮黄色、向阳部分淡紫红色，果粉白色，果肉黄色；绿色品种皮黄绿色，果肉淡黄色。贮藏用李果的采收应在上述标志初现时进行。

70. 李果的贮藏保鲜技术有哪些?

(1)气调贮藏　用厚0.025毫米的聚乙烯薄膜袋封闭贮藏李果，在0℃～1℃条件下，一般气体成分氧3%、二氧化碳5%～7%，李果可贮藏70天。能明显抑制果实腐烂、变软及可溶性固形物的降低。据报道，在温度0℃、空气相对湿度90%～95%、氧3%、二氧化碳3%的条件下，李果贮藏效果也较好。

(2)小包装贮藏　将适时采收的李果经挑选后装入聚乙烯薄膜小袋中，每袋1～1.5千克，封闭后置于－1℃条件下，可保存2～3个月。

(3)冰窖贮藏、冷藏　与桃果实的贮藏相类似，可参考其操作方法进行。

71. 如何防治桃、李等果实的冷害?

由于桃、李等果实生长期间气温较高，其对低温有较高的敏感性，极易产生冷害。在1℃以下就会引起冷害。因此，在贮藏桃、李时，一定要注意冷库的管理。一般在0℃贮藏3～4周，其果实易发生内部褐变。桃在1℃～2℃贮藏约40天也发生褐变。先是果核附近的果肉褐变，逐渐向外蔓延，原有风味丧失。生产上有以下几种措施可防止果实褐变。

(1)间歇变温贮藏 将果实在－0.5℃贮藏2周，升温至18℃经2天，再转入低温下贮藏，如此反复处理。

(2)气调贮藏 在温度0℃左右，氧3%～5%、二氧化碳1%的气调指标下贮藏能减轻褐变的发生。若结合间歇变温的方法，可获得更好的效果。

(3)两种温度贮藏 即先在0℃贮藏2周左右，再在7℃～16℃条件下贮藏。也可以在0℃条件下贮藏2～3周后，采用逐渐升温的方法贮藏。

(4)其他 桃先在10℃～15℃条件下放置2～3天，再在0℃条件下贮藏。

桃、李贮藏寿命短的重要限制因素是冷害引起的果肉褐变与风味变淡。所以，生产者在进行桃、李贮藏时，一定要加强贮藏过程中果实变化的检查工作，及时发现，及时处理。

72. 樱桃的耐贮品种有哪些?

樱桃的种类与品种较多，目前生产上栽培的耐贮品种主要有：山东的那翁、泰山，安徽的大鹰紫甘、银珠，辽宁的早红、滨库、香蕉、红蜜、红艳等。其中尤以山东烟台的那翁甜樱桃及大连市农科所培育的红蜜、红艳等品种耐藏性较好，可用于贮藏运输。

一般来说，早熟和中熟品种不耐贮运，而晚熟品种耐贮运性较强。由于樱桃果实普遍不耐贮运，成熟期较集中，采摘时气温较高，极易过熟和腐烂。因此，采前应妥善组织劳力，随熟随采，用于贮藏和远途外运的果实，应选择晚熟耐贮运品种，并较本地销售的稍早采 5～7 天。

73. 樱桃贮藏的适宜环境条件是什么？

樱桃贮藏的适宜环境条件一般是：温度 0℃～1℃，空气相对湿度 90％～95％，气调贮藏时的气体成分为氧 3％～5％、二氧化碳 20％～25％。

74. 樱桃的贮藏保鲜技术有哪些？

樱桃是一种高档鲜食水果，果实色泽鲜艳、香味浓郁、品质优良。其成熟期集中在 5～6 月份，正是市场上的水果淡季，但果实极不耐贮。归纳其产地贮藏保鲜技术主要有以下几种。

(1)**冰窖贮藏** 此法的冰块采集与贮冰方法与桃的冰窖贮藏相同。用成熟较晚的甜樱桃，于 6 月中下旬采收装箱入窖，可贮至 7 月底或 8 月初陆续上市。入贮时应注意，窖底及四周留厚 50 厘米的冰块，果箱之间空隙填满碎冰，堆层之间以冰砖（30 厘米×30 厘米×100 厘米大小）间隔，并用稻草覆盖顶层。贮藏期间保持窖内温度稳定，使之尽量控制在－0.5℃～1℃。

(2)**普通冷藏** 樱桃采用冷库贮藏，可使果实保鲜 20～30 天。贮藏时要求恒温和始终保持高湿条件，其管理方法可参照桃果的冷藏进行。

(3)**塑料薄膜袋简易气调贮藏** 由于樱桃果实较小，果皮极易损伤，故多采用小包装的形式，一般每盒 2～5 千克，内衬厚0.06～0.08 毫米的聚乙烯薄膜。贮藏时，将樱桃装入薄膜袋后扎口置于适宜温度下即可。这样，果实通过呼吸作用，使袋内的二氧化碳浓度维持在 10％～25％、氧 3％～5％，在此条件下，樱桃可贮藏30～

45天。若采后及时预冷，低温下包装，并马上充入20%～25%的二氧化碳，可获得更好的贮藏效果。

75. 樱桃长途运输有哪些要求？

由于樱桃极易腐烂，长途运输必须采取以下措施，才能取得较好的效果。一是选择耐贮运的优良品种。二是适期采摘(适当早采)，严格挑选果实，尽量减少碰撞等伤害。三是采用冷库强风预冷和直接入冷库的方式，使果实温度迅速降至2℃以下。四是当果实温度较低(10℃以下，最好2℃以下)后，采用小包装的形式(每盒装2～5千克，盒内衬厚0.06～0.08毫米的聚乙烯薄膜袋)，或采用硅窗气调保鲜袋包装。五是保温车或机械制冷车低温(0℃～3℃)运输，是延长贮藏期的有效措施。

76. 如何防治樱桃过熟衰老、褐变和异味？

樱桃采后处理不当，极易过熟软化和衰老。湿度太低、温度过高，极易使果柄枯萎变黑，果实变软，皱皮与褐变，并引起大量腐烂。在气调贮藏中，二氧化碳浓度过高(超过20%)，往往引起果实褐变和产生异味。

(1)提高樱桃贮藏寿命的关键 一是控制适宜低温，延缓衰老，防止腐烂。二是创造高湿、适宜高二氧化碳和低氧环境，减少干耗，抑制枯柄和褐变。三是采前药剂处理，防治腐烂病害。

(2)预防措施 及时预冷。保持适宜低温(0℃～1℃)贮藏。二是提供高湿(90%～95%)贮藏环境。三是高二氧化碳(10%～15%)和低氧(3%～5%)气调贮藏。采用气调保鲜膜或硅窗气调保鲜袋贮藏，使二氧化碳浓度保持在10%左右，能有效地防止褐变和产生异味。在气调贮藏过程中，一定要注意使二氧化碳浓度低于20%，以免引起二氧化碳伤害，并产生异味。

77. 不同猕猴桃品种的耐藏性如何？

猕猴桃果实品种间耐藏性差异很大。耐藏性好的品种一般可贮藏4～5个月，最长可达半年以上，如海沃德、周至川等品种贮藏效果较好。

目前，我国选出的优良品系（株系）中耐藏性较好的有：中华61-36、硬毛57-26、华光5号、华光10号、通山5号等。

78. 猕猴桃贮藏的适宜环境条件是什么？

猕猴桃贮藏的适宜环境条件一般是：温度0℃～1℃、空气相对湿度90%～95%，气调贮藏时的气体成分为氧2%～4%、二氧化碳5%。

79. 猕猴桃的采收是怎样进行的？

用于贮藏的猕猴桃一般在9月上旬至10月上中旬采收，采收成熟度的标准是：果实充分长大而未软化，糖度增加，可溶性固形物含量达6.5%～7.5%，种子由黄转褐。中华猕猴桃的果实生育期为140～150天，美味猕猴桃则需要170天。

80. 猕猴桃贮藏保鲜技术有哪些？

猕猴桃的贮藏保鲜方法主要有农户小包装简易气调贮藏、常温简易贮藏、通风库贮藏和冷库贮藏等。

（1）农户小包装简易气调贮藏 将适时采收的猕猴桃果实，经挑选后装入厚0.05～0.09毫米的聚乙烯薄膜袋中，每袋装果2.5千克左右，加入适量的乙烯吸收剂，密封贮藏，在常温下可有效地延迟后熟变软。乙烯具有催熟作用，鉴于猕猴桃果实对乙烯特别敏感，所以必须将贮藏环境中的乙烯除掉。

(2)常温简易贮藏

①*窖洞贮藏* 在窖洞内进行果与沙层堆积贮藏。选用洁净的湿沙，湿度以手捏成团后放手可散为宜。先铺1层厚3～5厘米的湿沙在窑洞地面，然后放1层猕猴桃，再铺1层湿沙，总高度不超过40厘米。此法可使猕猴桃贮藏20～30天。

②*缸藏* 将陶瓷缸洗净、晾干，放入挑选好的猕猴桃果实，按鲜果重的2%放入乙烯吸收剂。装满后，用塑料薄膜密封缸口，放在阴凉通风的房间内，半个月揭膜换气一次，结合检查挑出软、烂果。此法可使猕猴桃贮藏40～50天。

(3)通风库贮藏 库房可用旧平房改建。在库房一端的下方挖一地窗，并安装一台进风扇，相对的一端上方装有排风扇。靠排风扇的房顶有一出气口。库房上方装2个紫外线灯，供杀菌用。库内沿纵墙开有2条贮水沟，使库内空气相对湿度保持在90%～95%。

猕猴桃采后立即用SM-8保鲜剂8倍稀释液浸果，晾干后装筐，每筐装12.5千克，垛于库内。在贮藏前期和后期库温较高时，每隔8小时开紫外线灯半小时，这样既可以杀菌，还可以消除乙烯，因为紫外线灯工作时会产生臭氧。

午夜至早晨打开进风、排风扇，排出库内湿热空气和乙烯等有害气体，引入冷空气降低库温。排风扇的风速不可过大，据测试以平均0.3米/秒为宜。

贮藏前，用SM-8保鲜剂处理猕猴桃，可有效地延长贮藏期。在普通室温下贮存160天，腐果率、损耗率低于10%。

(4)冷库贮藏 在采后2天内将猕猴桃放入冷库，最好随采随放。将猕猴桃装入扁箱或塑料筐内，不要码层太高，以免压坏下层果。库温保持在－1℃～0℃，空气相对湿度90％，可贮存4～6个月。但必须注意，在贮藏库内不能有苹果和梨，因为苹果、梨释放乙烯，使猕猴桃催熟变软，缩短贮藏寿命。

81. 如何防治猕猴桃贮运期间的软化？

猕猴桃软化是影响猕猴桃贮藏的主要问题之一，也是引起果实腐烂的重要因素。

(1)软化症状 起初果实表面部分或局部发软，严重时整果软化或腐烂。

(2)防治措施

①*采后及时预冷* 猕猴桃采后应及时预冷。在采后8～12小时采用机械降温冷却的方式，将果实温度降至0℃，并在贮藏期保持－1℃～0℃的恒温。运输时应采用机械冷藏车和保温车，这是延缓果实软化最有效的方法。

②*使用乙烯吸收剂* 猕猴桃对乙烯十分敏感，在乙烯浓度很低(0.1毫克/千克)的情况下，即使在0℃条件下冷藏，也会加快果实软化，促使猕猴桃成熟与衰老。因此，在装有猕猴桃的聚乙烯薄膜袋内加装一定量(0.5％～1％)的乙烯吸收剂，可延缓猕猴桃的成熟衰老。

③*气调贮藏* 采用气调库、大帐气调或薄膜小包装自发气调等不同形式的气调方式，可使猕猴桃贮藏5～7个月。气调库贮藏期间，要求氧浓度在2％～4％，二氧化碳浓度应控制在5％以下，空气相对湿度90％～95％，并注意及时脱除乙烯。采用塑料大帐气调方式，也能有效、快速地降低帐内氧浓度，控制二氧化碳和乙烯。塑料大帐可以自行制作，制氮机(碳分子筛制氮机和膜制氮机)可根据贮藏量选择适宜的型号。如果是薄膜小包装低温冷藏，

除严格控制品温为－0.5℃～0℃外，小包装袋内必须放置足够的乙烯吸收剂。

82. 草莓的贮藏特点及品种耐藏性如何？

草莓适宜的贮藏温度为0℃～0.5℃，空气相对湿度以90%为宜，即使在此条件下也不宜贮藏过久，其贮期不应超过9天，否则会丧失新鲜度甚至腐烂。

草莓在贮藏中易受灰霉、根霉、皮腐病菌危害，采用化学物质处理或热处理可以减少发病和腐烂。草莓贮藏难度很大，必须采取综合技术措施，并配备一定的设备条件，才能达到较好的保鲜效果。另外，为延长鲜果的寿命，采前不宜灌水。

与其他水果一样，草莓贮藏也应选择耐藏性较好的品种，如选用坚肉品种则能减少贮藏中的腐烂。一般中早熟品种耐藏性较差，而中晚熟品种耐藏性较好。

83. 草莓的采收是怎样进行的？

草莓成熟的标志是果实色泽的转变，以此可以确定适宜的采收成熟度。一般在果面着色70%以后，即可根据不同用途选择最适采收期。用于贮运的草莓于八成熟时采收为宜。具体感官表现是：果实的阳面鲜红，背阴面泛红，时间也就是成熟前2～3天。草莓成熟时应分期分批采收，一般每隔2天左右采摘1次。

采收时间应选在晴天早、晚天气凉爽时，避免高温暴晒或露湿雨淋。采收方法是带柄采下，且摘时手指不要碰及浆果，以免破损伤烂。采收的同时即剔除伤病果和劣质果，把好的浆果轻轻放在特制的果盘中。果盘的大小以90厘米×60厘米×15厘米为好。浆果在盘中摆放厚9～12厘米，即可套入聚乙烯薄膜袋中，密封，及时送阴凉通风处预冷散热，防止压伤和闷烂。

84. 草莓的产地贮藏保鲜技术有哪些？

草莓的产地贮藏保鲜技术有冷藏、药剂处理贮藏和气调贮藏。

(1)冷藏 草莓果实呼吸作用旺盛，容易引起衰老，甚至导致腐烂。水分蒸发容易引起失水干缩，草莓失水5%即失去商品性。室温下草莓失水快，每天可失水2.5%左右，2～3天即失去商品价值。温度是引起呼吸旺盛和过度失水的重要因素，因此降低温度能有效地延长贮藏时间。将草莓带包装物装入大塑料袋中，扎紧袋口，防止失水，减少氧化变色，然后于0℃冷库中贮藏，切忌贮藏温度忽高忽低。

贮藏前使用药剂处理，对贮藏效果有明显的改善。试验表明，中国科学院上海植物生理研究所研制的草莓保鲜剂，安全、无毒、无残留，保鲜效果好，可以推广应用。果实采后在室温下预冷2小时，药剂处理后，放置数小时，沥干水分(水分过多会影响保鲜效果)，进入冷库贮藏。

(2)药物处理保鲜

①植酸处理保鲜 植酸化学名称为肌醇六磷酸钙镁，是优良的食品抗氧化剂，具有较好的防腐作用。据研究，将植酸与山梨酸、过氧乙酸混合使用，对草莓的防腐保鲜有较好效果，具体浓度是0.1%～0.15%植酸、0.05%～0.1%山梨酸和0.1%过氧乙酸。

②糖—酸保鲜处理 草莓果实用0.2%亚硫酸钠溶液浸渍后，晾干。在容器底部放入由9份砂糖、1份柠檬酸组成的混合物，再将草莓放在其上面保存，可显著延长贮藏寿命。

③二氧化硫处理 把草莓放入塑料盒中，加入1～2小袋二氧化硫慢性释放剂，用封条将塑料盒密封。慢性二氧化硫应该与果实保持一定距离，因为该药剂有还原、退色作用，与果实接触会使

果实漂白、变软，失去食用价值和商品价值。

④赤霉素和二氧化碳保鲜　据研究，脱落酸和乙烯是草莓衰老变质的主要内在因素，赤霉素和二氧化碳对上述物质有显著的抑制效应，从而可达到保鲜的目的。中国科学院上海植物生理研究所研制出了草莓保鲜剂，用该保鲜剂洗果，薄膜包装，并充入一定量的二氧化碳，于低温下贮藏 3 周，好果率达 80%以上，外观正常。

(3)气调贮藏　草莓气调贮藏的条件为：氧 3%、二氧化碳 6%，温度 0℃～1℃，空气相对湿度 85%～95%。在此条件下可使草莓保鲜 1.5～2 个月。

方法是把装有草莓的果盘用带有通气孔的聚乙烯薄膜袋套好，扎紧袋口。采用贮气瓶等设备控制袋内气体组成达到以上要求，密封后放在通风库或冷库中架藏。每隔 5～7 天打开袋口检查一次，如无腐烂变质再封口继续冷藏。另外，由于草莓耐高二氧化碳，运输时可用干冰作为二氧化碳的来源。但最好将二氧化碳含量控制在 10%以下，这样可以显著延长草莓的贮藏寿命，保持果实色泽鲜美、风味良好。

85. 如何防治草莓软腐病？

软腐病是草莓贮运中的主要病害，在结果期间多雨的年份，田间危害较大。

(1)危害症状　病果变褐软腐，淌水，表面密生白色绵毛，上有点状黑霉，即病原菌的孢子囊，果实堆放，往往发病严重。

(2)防治措施　一是小心采摘、装运，避免擦伤、撞伤。二是采收时，过熟果实不宜与正常成熟的果实混装在一起。三是采后预冷。24 小时内将温度降低至 5℃～8℃。低温贮运十分重要，通常控制在 4℃～8℃，使病原菌的生长大为减慢，当温度降低至 0℃

时，腐烂可全被抑制。四是生长期间，最好铺1层地膜或稻草，使果实与土壤隔离。

86. 不同石榴品种的耐藏性如何？

石榴果实的耐藏性因产地及品种不同而异，一般晚熟品种比早熟品种较耐贮藏。生产上栽培较多、耐藏性较好的品种主要有：陕西的大红甜、净皮甜、天红蛋、三白甜石榴，山东的青皮甜、大马牙甜、钢榴甜、青皮酸、马牙酸、钢榴酸、大红皮酸、玉泉殿石榴，山西的水晶美、青皮甜石榴，云南的青壳石榴、江驿石榴、铜壳石榴，安徽的玛瑙籽石榴，南京的红皮冰糖石榴，四川的大青皮石榴，广东的深沃石榴等。

87. 石榴贮藏的适宜环境条件是什么？

石榴贮藏的适宜环境条件一般是：温度4℃～5℃，空气相对湿度90％～95％。石榴对低温比较敏感，过低的温度往往会引起冷害，其症状为果皮表面凹陷、退色、内部组织变色、腐烂增加。

88. 石榴的贮藏保鲜技术有哪些？

石榴的产地贮藏保鲜技术主要有堆藏、缸罐贮藏、干井窖贮藏和药剂处理贮藏等措施。

(1)**堆藏**　选择通风阴凉的空房子，打扫干净，适当洒水，以保持室内清洁湿润，然后在地上铺厚5～6厘米的稻草或鲜马尾松松针，其上按1层石榴1层松针逐层相间堆放，以5～6层为限，最后在堆上及其四周用松针全部覆盖。贮藏期间每隔15～20天翻堆检查1次，剔除烂果并更换一次松针。耐藏品种用此方法可贮至翌年 4～5 月份。注意，果实堆藏前，要先进行预冷处理。

(2)缸罐贮藏 该法适于农家少量贮藏，南北各地均可采用。将缸罐洗净，并在底部铺一层含水量 5%的湿沙，厚 5～6 厘米，中央竖一秫秸把或竹筒通气。石榴沿秫秸把或竹筒周围摆放，直至放到离缸口 5～6 厘米时为止，再于果面盖 1 层湿沙，用塑料薄膜封口扎紧，置阴凉处贮藏。贮后 1 个月检查 1 次，如有烂果及时剔除。该法可使石榴贮至翌年 3～4 月份。

(3)干井窖贮藏 选择地势高燥，地下水位较低的地方，挖直径 1 米、深 2～3 米的干井，然后从井底向四周取土挖几个拐洞，洞的大小依石榴多少而定，但要保证井窖稳固、不塌方。在窖底先铺 1 层干草，然后在其上面摆放 4～5 层石榴。入贮的石榴需经严格挑选，同时喷布杀菌剂(50%多菌灵可湿性粉剂 1 000 倍液)。入贮时，按石榴果实大小分别在不同拐洞堆放。盖上窖盖时要留有 1 个小气孔。10～15 天检查 1 次，剔除烂果。每次检查前要先放一盏油灯或蜡烛下窖，看二氧化碳是否很高，如果点燃的油灯或蜡烛熄灭，则需先通风，以保证下窖人员安全。

一般在寒露后入窖，可贮至春节前后。

(4)药剂处理贮藏 山东枣庄市农科所研究结果表明，保鲜剂 2 号处理石榴后小袋包装贮藏效果好。具体做法是：石榴于 9 月下旬(约八成熟)采收，采后用保鲜剂 2 号 1 000 倍液浸果，稍晾即装入塑料袋内，单果包扎，放入果筐内贮藏。经 140 天，失重仅 0.24%，含糖量明显提高，且果皮由绿色转为淡绿色，新鲜美观，好果率达 90%以上。

89. 如何控制石榴果皮褐变？

(1)褐变症状 石榴褐变一般是低温冷害所致。在 0℃的低温下贮藏较长时间后，内部籽粒色泽正常，而果皮产生褐变，影响果实的商品性。

(2)**防治措施** 采用薄膜单包果可减轻褐变的发生。控制贮藏温度在4℃～5℃、空气相对湿度95%。有报道认为，气调贮藏可减轻果面的褐变，氧浓度为2%～4%。

五、南方水果产地贮藏保鲜与贮藏期病害防治技术

1. 不同柑橘类果实的耐藏性如何?

柑橘种类及品种繁多,一般都比较耐贮藏,但不同种类、不同品种间的差异也较大。一般来说,柠檬类最耐贮藏,其次是甜橙类,如四川的锦橙、实生甜橙,湖南的大红甜橙等,可贮藏半年左右,再次是柑类,如蕉柑、温州蜜柑。橘类耐藏性较差,尤其是四川的红橘。同一种类型中,晚熟种比早熟种耐贮藏。同一品种的果实,由于栽培条件、气候年份的不同,其耐藏性和抗病性也有差异。

2. 柑橘类果实贮藏的适宜环境条件是什么?

柑橘类果实贮藏的适宜环境条件主要是温度、湿度和气体成分。

(1)温度 柑橘类果树是在温暖多雨的亚热带、热带生长的,因此,其果实贮藏的温度不能太低,低温容易引起冷害。据试验,一般甜橙为3℃～5℃,温州蜜柑4℃～6℃,红橘10℃～12℃,蕉柑7℃～9℃,椪柑10℃～12℃,柚类7℃～8℃,柠檬类12℃～14℃。贮藏温度还因防腐剂的使用而有变化,试验结果表明,柑橘在贮藏前进行防腐处理,并处于高湿和较高浓度的二氧化碳条件下,在10℃～15℃条件下可贮藏半年左右。这样的贮藏温度在许多的简易贮藏场所是可以实现的,有利于进行产地贮藏。

(2)湿度 空气湿度过低,柑橘容易失水,果皮萎蔫,失重大,

果实的商品外观质量显著下降，而且果实内部的囊瓣干瘪，食之如败絮。湿度过高，微生物繁殖加快，橘类易遭霉菌的侵染，得病腐烂，也容易发生枯水病。通常要求贮藏空气相对湿度在85%～95%，不同的柑橘类型，对湿度要求有所差异。一般贮藏温度低的果实，湿度稍高些；相反，贮藏温度较高的果实，湿度应相对保持较低。

(3)气体成分 柑橘果实对二氧化碳敏感，二氧化碳含量增多，会引起果蒂干枯；贮藏环境中乙烯、乙醇含量增多会促进果实后熟。所以，柑橘贮藏过程中需注意通风换气。

3. 柑橘类果实的采收是怎样进行的？

(1)采前准备工作 柑橘类果实的成熟比较集中，因此在采前应做好充分的准备工作。准备好足够的圆头平口、刀口锋利的果剪，采摘高处果实用的果凳、果梯。果篓以能装7.5千克左右为宜，内壁应衬垫柔软物。装果筐应衬麻布、棕皮或草席等，以减少果皮损伤。采果人员应剪平指甲，并戴手套，以免采收时在果皮上留下指甲伤。

(2)采收期的确定 供长途运输或贮藏用的柑橘应在八九成熟、果皮有2/3转黄时采收。过早采收，果实内养分还未完全转化，果实未长完全，影响产量与果品质量；过迟采收，果实成熟度过高，宽皮橘易形成浮皮果，甜橙过熟易患油斑病，易腐烂，不耐贮运。成熟前3～5天是最佳采收期。采摘时最好在早晨凉爽时进行，避免在晴天烈日下采收，因为此时果温高，呼吸作用旺盛，消耗增加。雨后、早晨露水未干、雾气未散尽时不宜采收，大风大雨后应隔两天再采收。

(3)采收方法 柑橘果实成熟不一致，应采黄留青，分批采收，做到从上到下、由外向内分次采摘。采时一手托果，一手持采果剪,以“一果两剪”法(第一剪先剪离果蒂3～4厘米处,第二剪剪齐果蒂把果柄剪去)进行,技术熟练后可一果一剪采收。采时不可拉枝、拉果,采下的果应轻轻放入果篓,并及时进行预冷、发汗、长途运输或贮藏。对伤果、落地果、病虫果和次果应分别放置。

4. 柑橘类果实贮藏前如何进行预贮处理?

刚采收的果实,由于带有田间热且呼吸作用旺盛而使果温升高,如采后立即入库,就会使库温很快升高,还会因湿度过大影响贮藏效果。所以柑橘采收后,经分级、防腐处理,在包装前进行短期贮藏,即预贮。预贮对果实的伤口愈合、发汗(即使果皮细胞蒸发部分水分,降低细胞的膨压,减少碰撞损伤)、预冷和防止果实枯水(果皮稍微失水萎蔫,贮藏过程中就不易失水,即减少了枯水)等均有一定的作用。

预贮前先将预贮场所消毒处理,果实经挑选、防腐处理。在预贮库的地面上铺厚2～3厘米洁净的稻草,草上摊放4～6层果实。也可将果实放在果箱或果筐内,呈“品”字形堆码。库房内空气相对湿度应保持在80%左右,库房温度要低于库外温度。果实入预贮库3～4天(宽皮橘类要7～10天),一般控制宽皮橘失重率达3%～5%,甜橙失重率为3%～4%。待伤口愈合,果温降低,用手轻压果实、果皮已软化但仍有弹性时,则已达到预贮的目的,即可出库。

5. 农户如何进行柑橘类果实的简易贮藏?

农户室内简易贮藏柑橘类水果,主要应掌握采摘时间、选果、果实处理和保管等几个主要环节。现就不同地区的农户贮藏经验进行介绍。

(1)湖北农户贮藏鲜橙的经验 10月底采收，当天挑选并用2,4-D和多菌灵的混合液浸果，药水干后果柄向上堆放于室外阴凉处，每15～20天检查1次，剔除腐烂果。冬季贮放于室内，最下面用厚15厘米的新鲜柏枝垫底，上面用塑料薄膜覆盖。开春后气温上升至20℃时，又将甜橙及时转移到屋后用细河沙垫底的土洞内，上面再覆盖薄膜。暑天6月份鲜橙上市，果色新鲜、果柄翠绿。

(2)温州地区农户贮藏温州蜜柑、椪柑的经验 当一般果皮有2/3转黄时，在晴天上午或下午4时以后采收。剔除损伤果和病虫果，剪平果梗，保留果蒂。把选好的果实摊开在阴凉通风的棚垫上发汗2天。用70%托布津100克、小苏打1千克、2,4-D钠盐20克、加水50升充分搅匀后，浸果1分钟左右。

贮藏室的地面要垫1层木板，铺1层厚7厘米的稻草，草上再铺1层农用塑料薄膜，墙四周用木板加塑料薄膜隔挡，即可装入果实，堆高至50厘米左右，上面再用塑料薄膜覆盖，保证四周、上下有塑料薄膜与外界隔绝，但不要放得太紧，温度低时顶上再盖一层稻草。贮藏期只检查2次，需要注意的是要防止鼠害。

温州蜜柑经贮藏3～4周后，腐烂率仅为1.6%，失水率2.3%，椪柑腐烂率仅为0.8%，失水率3%。果实新鲜可口，商品价值高。

(3)四川邻水县室内围圈简易贮藏锦橙、红毛橙、血橙的经验 邻水县的农户多数是采用室内围圈简易贮藏法，取得了很好效果。经58～93天的贮藏，平均腐果率0.7%，自然失水4.8%，总损耗率5.5%。具体做法是：先将拟用来贮果的空房打扫干净，然后根据贮果多少与房间大小，在地面上用砖或木板圈成宽0.8～1.5米、高0.3～0.5米、长度适当的条形贮藏圈数个，圈与圈间留人行道。以25%多菌灵可湿性粉剂500倍液或70%甲基硫菌灵可湿性粉剂700～800倍液消毒后，铺1薄层稻草或干松针，再喷药消毒。此后将盖果的塑料薄膜(以厚0.15～0.2毫米的为好)沿四周围上，以防砖或木板等吸水，中间不放薄膜，以利于透气。将适时采收的无伤锦橙、红毛橙、血橙等，用上述任何一种药液浸果15～30秒，或用药液全面淋果，经2～3分钟沥去多余的药液后入贮。放果5～6层，最后盖上薄膜。如在浸果或淋果的药液中添加0.025%2,4-D钠盐或丁酯，效果更好。

入贮开始的3～5天内，薄膜不盖严，让其适当发汗。此后将薄膜盖严，并在薄膜内的边缘放2～3个浸透饱和高锰酸钾溶液的砖块(注意不要使其接触果实)，以吸收乙烯、乙醇等有害气体。5～7天换气1次，每次10～15分钟。15～20天翻果检查1次，发现腐烂果立即剔除。贮藏20～30天后，再用25%多菌灵可湿性粉剂800～1 000倍液或70%甲基硫菌灵可湿性粉剂1 200～1 500倍液喷透1次，以防止霉菌滋生。随着气温的降低，换气时间可10天左右进行1次。

(4)江西赣州一带的农户缸藏经验 贮藏前备好瓦缸和松针，瓦缸洗净后用硫磺熏蒸处理，鲜松针要晾干。装缸前缸底垫1层松针，然后装进耐贮品种的柑橘果实，1层果1层松针。装缸后10天不加盖，以后每月检查1次，及时挑出病烂果。缸宜放在阴凉处，避免阳光直射，半埋在地下效果更好。

缸藏的柑橘，能贮藏到翌年3～4月份，品质几乎不变。

6. 柑橘类果实的地窖贮藏是怎样进行的？

地窖贮藏柑橘是一种结构简单、成本低、效果较好的方法。在湖南的部分地区，利用地窖贮藏甜橙，每窖贮藏400～600千克，贮期120～240天，效果良好。具体做法如下。

(1)方法一 选择地下水位低、排水良好、地势高燥、土质结实的地方挖窖。室内外均可，室外挖窖要有树木遮阴。贮藏前，窖内用2%甲醛喷洒消毒，封窖7天，然后在窖底垫以新土或河沙，将橙子沿窖底周围放置4～7层，窖底中部留直径50厘米的空间，以备检查用。贮藏初期，窖内温、湿度升高，可在外界气温较低时敞开窖口通风，降温降湿。冬季1～2月份气温较低，把窖口封严防冷防冻，并随时检查，剔除烂果，防止蔓延。

(2)方法二 将常用地窖的窖底铲平，打扫干净，如窖内过于干燥，可于入窖前1个月适当浇水，以使窖内空气相对湿度保持在90%～95%。为了减少病害的发生，入窖前15天应喷洒乐果乳油200倍液，密封一周后敞开通风，入窖前再用托布津加碱性硫酸铜混合药液或2%甲醛喷洒灭菌。入窖时，先将窖底铺上1层稻草，然后把果实按蒂朝上、脐向下，整齐地沿着窖壁周围进行摆放，一般放置3～4层，摆放的方法是每层果实要插空错开摆放。摆果时，除在窖的中央留出直径40～60厘米的空地外，还应在周围任何一处留一出口，宽约60厘米，以便检查翻倒果实用。

入窖后，窖口敞开，使窖内高温、湿气从窖口逸出。敞窖时用竹帘盖上窖口，以防有害兽类窜入危害。敞窖时间，要掌握在果实表面水珠消失、窖温与外温大体相当并较稳定时为宜。一般敞窖2～3天即行关窖。关窖的方法有2种：一是用石板盖直接盖严。二是在石板盖下加垫草圈，加垫草圈是在寒冷季节使用，如窖内温度较高、湿度较大，不宜使用此法。关窖以后，每隔7～10天开窖检查1次。下窖前要扇风换气，并点火试验，以免因窖内二氧化碳浓度过大而发生危险。检查时，要彻底剔除病烂果和无继续贮藏价值的果实。贮藏中要加强温、湿度管理，如温度过高、湿度过大时，可揭开盖通风进行调节。

7. 柑橘类果实的地下库贮藏是怎样进行的?

柑橘类果实的地下库贮藏，与地窖贮藏有着类似的情况，现以四川南充地区的情况为例加以说明。

南充甜橙的地下库贮藏保鲜，其具体技术措施是：在适宜成熟期精细采收，浸药预贮，选择好果入库；库温日变幅度宜小，保持一定温度和二氧化碳浓度；根据库温变化和主要病害发生规律，前、中、后期分别确定适当时间集中翻果，确保剔除伤病果。

南充甜橙地下库防腐保鲜方法不耗能源，使用密集劳力，贮藏量大，操作方便，出库果10多天不烂、不萎，便于运输销售，且占地少，有利于生态平衡，是具有中国特色的甜橙贮藏方法。

8. 如何利用防空洞贮藏柑橘类果实?

防空洞内的温、湿度比较适合柑橘类果实的贮藏，一般4～8月份的温度为16℃～22℃，空气相对湿度90%以上，伏令夏橙3月下旬采收，4月初放入防空洞进行贮藏保鲜。果实经挑选后用0.02%2,4-D和0.05%甲基硫菌灵混合液浸果，晾干后塑料薄膜袋单果包装，堆码于防空洞内，定期检查，贮藏4个月后，好果率在90%以上。

9. 如何利用普通仓库贮藏柑橘类果实?

普通仓库大多为砖墙、瓦面平房。用于贮藏柑橘的仓库要求尽量减少外界热量的传入，库内易于通风换气。要设置相应的通风口及配套的排风设备，以便随时进行强制通风。

贮藏前，把包装容器放入库内，每100米^{3}的库容用硫磺粉1～1.5千克、氯酸钾(助燃剂)0.1千克，用干木屑拌匀，分几堆点燃。发烟后密闭库房2～3天，然后打开门窗通风。也可用16%甲醛1∶20～40稀释液喷洒，或用4%漂白粉液喷洒消毒，或1%新洁尔灭喷雾消毒。

对果实进行防腐处理，装入适宜的包装容器中。贮藏时，要架空堆垛，垛与垛之间、垛与墙之间要保持一定距离，以利于通风和入库检查。垛面距库顶1米左右。入库初期，要注意增强通风，以利于降温。一般夜间通风，白天关闭风道和门窗，保持适宜的温、湿度。

不同柑橘品种对温、湿度的要求不同，因此，在贮藏时要采取不同措施，形成有利于延长贮藏寿命的环境。不同品种的适宜温、湿度为：蕉柑 7℃～9℃、空气相对湿度 85%～95%；芦柑 10℃～12℃，空气相对湿度 85%～95%；温州蜜柑 4℃～8℃，空气相对湿度 80%～90%；椪柑 10℃～12℃，空气相对湿度 85%～95%；甜橙类 3℃～5℃，空气相对湿度 95%以上；柚类 7℃～8℃，空气相对湿度 90%～95%。

入贮后要定期翻果检查，剔出腐烂果及干巴果。翻果时，将腐烂果附近的果实用药液消毒，防止感染扩散。在立春以后，为避免库温上升，要注意降温。若湿度过低，可在地面洒水、挂湿草帘、喷水等。入库初期（11 月份至 12 月中旬）每 10 天检查 1 次，中期（12 月中旬至翌年 2 月中旬）每 20～30 天检查 1 次，到后期（2 月中旬以后）要多加检查。

10. 通风库贮藏柑橘类果实时如何进行管理？

通风库是为贮藏果实而专门设计的库型，各地采用的结构、形式和处理方法各不相同。

湖南黔阳县采用地下通风库贮藏柑橘果实，在整个贮藏期中，甜橙温度保持在 14℃～15℃，蜜柑为 12℃～13℃，空气相对湿度初期为 90%，中期以后为 95%左右，每月检查 1 次。贮藏 6 个月后，果实腐烂率仅 0.5%、褐斑病占 1.7%。果实新鲜饱满，风味正常。具体做法是：果实入库前，采用 50%托布津可湿性粉剂 500 倍液＋0.025%2，4-D，或采用 50%多菌灵可湿性粉剂 1 000 倍液＋ 0.025%2,4-D 处理果实,随后装箱入库。

果箱在库内的堆码方式是“井”字形或“品”字形,箱与箱之间留 3～5 厘米的空隙,堆与堆之间留 1 米宽的通道,便于通风及操作。

贮后每隔 1 个月翻果检查 1 次,挑出腐烂果及干巴果。翻果时,将腐烂果附近的果实用药液洗果消毒,以防感染扩散。库内温度一般为 14℃～15℃,如外温高于库温,将通风设备关闭;当外温低于库温时,则利用早晚及夜间通风降温。库内空气相对湿度为 85%～90%。湿度过低,柑橘易干巴,可采取暗沟灌水或人工喷雾。如发现上层果箱出现果实萎蔫现象,可在翻果过程中采用上、中、下倒换果箱位置的方法,再采取增湿降温措施,保持库内高湿低温状态。

11. 柑橘类果实的留树保藏是怎么回事?

福建省进行了雪柑留树保鲜试验,获得了较好的效果,留树保鲜的雪柑,需提前喷布一定浓度的植物生长调节剂,以减少落果。果实留树 80 天左右,至翌年 3 月上旬采收,比较适宜,在此期间落果率仅为 9.4%,而对照高达 91.7%。留树保鲜的果实品质好,甜酸适度,含可溶性固形物 13.2%,总酸 1.43%,维生素 C 85.98 毫克/100 克。但需注意留树时间过长,果实品质会变劣。3 月中旬以后采收,果实虽然新鲜饱满,皮色黄,糖分增加,酸度降低,但果面粗糙,果皮增厚,果心增大,果汁减少,肉质微渣,可食率偏低,4 月中旬采收,部分果实果肉败絮,失水率达 20%以上,品质变劣。为防止落果,需在正常采收期间 30 天,开始喷布 0.03% 2,4-D 和 0.002%赤霉素＋0.2%磷酸二氢钾混合液,11 月上旬、12 月中旬、翌年 1 月中旬各喷 1 次,共喷 3 次,但低温霜冻能加剧落果,需加注意。

重庆万州区等地，柑橘留树保鲜方法的推广较为普遍。对锦橙、哈姆林橙、脐橙、普通甜橙也做了留树保鲜试验。成熟期喷0.005% 2,4-D。从11月15日至翌年2月2日采收，留树70天，落果率仅4%，果实着色鲜艳，品质好。

湖南邵阳对温州蜜柑留树保藏的具体做法是：留树贮存前清除病虫果、畸形果，接近地面的果实疏密留稀，以防积雪压枝。10月下旬至11月上旬，果实由绿转黄时，用0.002%～0.006% 2,4-D+0.5%磷酸二氢钾与托布津800倍液混合液，每月喷1次，留树期间共喷3次。稳果率平均达93%～96%。留树期间，果实颜色由橙黄转橙红，味道由甜酸变为浓甜，汁多、质脆。可溶性固形物含量提高0.9%～1.3%。

广西对化州橙留树保鲜方法是：留树前要加强冬春管理，4～6月份夏剪，2～3月份、5～6月份每株分别施腐熟农家肥25千克、杂麸饼1.5～2千克，9月中旬每株施腐熟农家肥20～25千克、氯化钾250克、骨粉0.5～1千克。10～11月份，每月每株施尿素200克。注意防虫、防旱，冬季结合修剪，增强光照，提高树液浓度，促使花芽分化。同时要喷洒植物生长调节剂，9月下旬喷0.002% 2,4-D+0.001%“九二〇”及0.2%氯化钾，隔月后再喷1次，可延长采收期63～75天，稳果率达95%，果皮色泽鲜艳，果汁增加，维生素C增加，含酸量降低，含糖量提高，风味浓甜。

12. 柑橘类果实的变温贮藏是怎么回事？

在通风良好，空气相对湿度85%的环境中，将蕉柑贮于15℃～26℃的常温下60天，然后转入5℃～6℃的低温下贮藏，贮藏160天，未出现“水肿”腐烂。贮藏过程如下：果实采收后用0.2%托布津及0.02% 2,4-D防腐液浸果，预贮在常温下发汗1周，然后入库。库内放适量的硅胶吸潮，放适量的浸泡过饱和高锰酸钾溶液的砖块，以吸收乙烯气体。库内控制含氧10%～15%、二氧化碳2%～4%。

13. 柑橘类果实如何利用塑料薄膜包装进行简易气调贮藏？

柑橘类果实利用塑料薄膜包装进行简易气调贮藏，主要有以下几种做法。

(1)塑料薄膜袋藏法 选有果柄、无病虫害和机械伤、七八成熟的果实，装入袋内，每袋约5千克，先不封闭袋口，以后逐渐缩小袋口，1个月后将袋口封死，以后每隔半个月检查1次，及时剔除霉烂果。贮藏4个月后，好果率在95%以上。

(2)塑料薄膜大帐贮藏法 当果实转色70%以上，固酸比10∶1时采收，经挑选后，用橘腐净100倍液浸果1分钟，晾干后装入果箱，堆放在通风室内发汗2天，然后贮藏于室内，温度控制在18℃～19℃，空气相对湿度85%左右。采用厚0.14毫米聚乙烯塑料薄膜，制成1米×0.8米×2米的长方形大帐，帐内套20个果箱约250千克，密封帐底。

此法贮藏效果好，贮藏90天后，好果率为95%，果实饱满多汁，果蒂绿色，果皮鲜艳光亮。

(3)硅窗袋贮藏法 锦橙袋藏适合分期气调，即前期用二氧化碳3%～7%，中、后期用二氧化碳1.5%～2.3%的气调贮藏方法，称“动态气调贮藏”。首先要适时、无伤采收，用于硅窗袋藏的锦橙，以11月中旬出现“绿豆黄色”时采收为宜，青果不能采收。采收后当天用0.025% 2,4-D+多菌灵2 000倍液洗果，晾干后及时入袋，每袋装果实6千克。入袋15～20天后，在袋上开一个12厘米^{2}的辅助硅窗。11月份，要尽可能降低库温，保持冷凉，冬至后库温不得长久低于2℃。贮藏初期发现腐果袋(一般占1%~3%),立即终止该袋果实贮藏。通风库内保持温度6℃~16℃,空气相对湿度85%~92%。

锦橙贮藏3个月后,失重率为1.17%,青蒂果高达87%左右,腐果率在1%以下,果实外观鲜艳。该方法在贮藏期间不需逐个检查,能大大节约劳力和费用。

福建省福州市对雪柑采用硅窗塑料薄膜袋气调贮藏,袋子规格为10厘米×10厘米、20厘米×20厘米,贮藏温度控制在18℃左右,袋内二氧化碳和氧的适宜浓度分别为2%~4%和12%~14%,贮藏120~150天,好果率达90%以上。

14. 如何利用化学保鲜剂进行产地贮藏柑橘类果实?

柑橘类果实常用的化学保鲜剂和处理措施主要有以下几种。

(1)**高脂膜防腐贮藏法** 四川锦橙采收后用100~200倍液的高脂膜溶液浸果1分钟,取出晾干后预贮1天,堆于通风的库内贮藏。2个月后检查,青、绿霉病的防腐率为84%左右。此外,高脂膜还有一定的保水作用。

(2)**京-2B浸果贮藏法** 中国科学院研制的植物防病膜剂京-2B用于柑橘类果实的贮藏保鲜,效果良好,方法简便。装筐的新鲜柑橘用京-2B膜剂药液浸泡30秒,提出果筐,待柑橘外表浸渍液干燥成膜后,便可入库贮藏,库温根据不同种类果实的要求而定。每50千克柑橘处理后,经120天贮藏,比托布津处理的失重减少2千克。贮藏5个月后,色泽鲜艳,病果率仅9%,而对照高达53%。1千克京-2B药剂可浸果2 000千克左右。

(3)**AB保鲜防腐剂处理贮藏法** 四川省农业科学院果树研

究所与河北农业大学协作，研制成功一种保鲜甜橙的新方法，即AB保鲜防腐剂处理贮藏法。将锦橙用该药剂按说明处理后，再用塑料薄膜单果包装，在产地通风库条件下保存4个月，鲜蒂果率为79.24%，比2,4-D+多菌灵或甲基硫菌灵处理的果实高26%；腐果率为1.78%，比其他通风处理果实的腐果率低4%～8%。果实固有的色泽和风味保持不变。

(4)复方百菌清贮藏法 复方百菌清对柑橘贮藏中的青、绿霉菌，黑腐菌以及其他病菌均有很强的抑制作用，是不同于多菌灵、托布津的一种柑橘防腐保鲜剂。在产地的各种贮藏场所中均取得了较好的效果。

用0.5千克复方百菌清药剂，加水300升，搅拌均匀后，将柑橘连筐子一并放入药液中浸泡1分钟，使果实均匀蘸上药液，提出晾干，放置半天后入库贮藏。温州蜜柑贮藏130天，总腐烂率低于4%；甜橙贮藏160天，总腐烂率低于5%，保鲜率均在90%以上。果实色泽鲜艳，果汁丰富，风味纯正。

(5)复方卵磷脂贮藏法 复方卵磷脂是一种以卵磷脂为主，配以少量植物生长调节剂及灭菌药物混合而成的保鲜剂，由广西化工研究所研制成功。柑橘入库前，将药品按说明分别以适量的温水溶解，然后再把各种溶液混合，用水调至所需要的浓度。把新鲜的果实放到配好的药液中浸泡1～1.5分钟，取出晾干后入库贮藏。

用该保鲜剂处理的柑橘类果实，贮藏3个月后腐烂率在6%以下。

(6)橘腐净贮藏法 四川省用0.025%橘腐净对红橘进行浸果处理，药液晾干后逐个包纸装箱，置于通风库内贮藏，库温保持6℃～17℃，空气相对湿度85%左右。3个月后检查：青蒂果为82.31%，干蒂果为11.46%，干巴果为4.74%，腐烂果为1.5%，对照分别为6.51%、40.86%、28.06%、24.57%。

重庆江津市用橘腐净100倍液浸渍红橘，处理后3个月检查，好果率为84.09%，腐烂率为4.78%，失水率为11.13%。用0.075%2,4-D钠盐溶液+托布津1 500倍液处理后，上述3个测试项目分别为75.34%、11.03%、13.86%。不用药剂处理的对照组分别为22.86%、48.02%、29.12%。

(7)使用液态膜SM-6贮藏柑橘 SM保鲜剂是由重庆师范大学研制的液态膜保鲜剂。它的系列产品有SM-2、SM-3、SM-6、SM-7和SM-8，其中SM-6用于柑橘保鲜。该保鲜剂用于柑橘既能防腐，又能防衰，具有高效、无毒、成本低、操作容易、管理方便、对贮藏设备和贮藏环境要求不严等特点。

使用SM-6的柑橘，最好在九成熟时采收。要求单果带蒂剪下，轻拿轻放。采收后的果实应在当天及时浸果。浸果时先将SM保鲜剂倒入桶或盆中，加少量60℃左右的热水使其充分溶解，再加冷水稀释至规定倍数，待稀释液冷却至常温，将无病伤柑橘果实放入浸泡并翻动几十秒，捞出沥干。将沥干的果实堆放在用硫磺熏蒸消毒过的地面或楼板上，下面垫有厚3～4厘米的湿沙，果实多时可搭架分层堆放，每层果实堆放厚度以4～5层果实为宜。经2～3天，果实表面干后，再覆盖塑料薄膜或稻草，以利于保湿。冬天关好门窗，室温保持在6℃～10℃，空气相对湿度保持在92%～95%。如用纸箱或木箱贮存，最好是1层纸屑1层柑橘，表面覆盖塑料薄膜或纸屑，盖好箱盖但勿密封。

(8)柑橘的保鲜垫贮藏 L-1复合保鲜垫是由辽宁省化工研究所和中国科学院大连化学物理研究所共同研制而成的。它是由A、B两种垫复合而成，不用时分别封装在塑料袋内。使用时，将A、B放在一起，按A—B或按A—B—A—B放置。复合垫的大小可根据包装的大小剪成所需要的尺寸。把复合垫装入普通的食品袋内，使其敞口(也可将垫直接放入包装内)，然后将保鲜垫与柑橘一起装入纸箱或塑料袋内，密封。果箱内由于果实水分的蒸发作用，湿度增大，于是使 A—B 垫上的化学药品发生反应，释放出少量的无毒气体，其总量足以防止果品因霉菌侵染而受害。

据试验，将 17 厘米×25 厘米大小的复合保鲜垫分别放在装有 25 千克柑橘包装容器的上、中、下不同部位，共 8 张复合保鲜垫，扎好袋口，放入木箱，利用自然冷源贮藏即可。该法简单易行，不需要配药液，不仅适合于简易贮藏场所，对运输、销售过程或加工前的防腐也十分方便，且原料价廉易得，全国各地均可购得。

(9)防腐保鲜纸贮藏法 防腐保鲜纸是在造纸过程中加入无毒或微毒的化学杀菌剂，使之处于纸的表面，用其包裹后，通过与果实接触或缓慢释放出杀菌药，杀灭果面上的病原菌和包装纸与果实之间的空间中的有害杂菌。同时，防止外界环境对果实的污染，能调节呼吸强度，从而减少柑橘的损失。湖南造纸研究所生产的保鲜纸，根据柑橘品种选用不同的类型。温州蜜柑用 B-6、KB-1、A-1 保鲜纸包裹，甜橙用 KN-1、KB-1、B-6 保鲜纸包裹，贮藏 3 个月后失重和腐烂的总耗率不超过 12%，如结合采用地下贮藏，效果更好。每 100 千克柑橘需纸 1 000 张。

湖南零陵造纸厂用 RQA（俗称新那美尔特，化学名为肉桂醛）生产 AF-1 型水果防霉保鲜药纸。RQA 是樟科中的肉桂树皮挥发油的主要成分，在浓度为 0.000 25%时对黄曲霉、黑曲霉、串珠镰刀菌、交链孢霉、拟青霉、白地霉和酵母等有抑制作用，常用作防腐防霉，是高效低毒的新型防腐剂。

使用保鲜纸贮藏的果实，成熟度以八成熟为宜，果实要留果蒂，包果前进行预冷处理。

15. 柑橘类果实长途运输时有哪些基本要求？

柑橘类果实，在长途运输时，除轻装轻卸外，更要注意防热防冻。为解决产地与销地之间的长途运输问题，保证柑橘达到销地保持良好的品质，在产地、运输、销售 3 方面的贮藏工作中，必须采取综合措施。柑橘采收分级后用 0.1%甲基硫菌灵混合 0.02%2,4-D溶液浸蘸，晾干后，用纸包裹，装入容量 25 千克的竹筐内，筐内衬厚 0.04 毫米并与竹筐相配套的聚乙烯薄膜，上下两端折叠不封闭，使之保湿通气，防止二氧化碳积累。运输的工具目前多为汽车，可根据柑橘品种的不同和两地距离的远近而确定汽车运输的时间。如果运输时间超过 1 周，那么就更要注意温度的保持，温度控制在 6℃～8℃，运往目的地后立即转入贮藏库或销售。

16. 如何防治柑橘类果实贮藏期间的青霉病和绿霉病?

青霉病和绿霉病一直被视为柑橘贮运期间的重要病害，烂果率一般为 10%～30%，严重时高达 50%～70%。

(1)危害症状 青霉病和绿霉病症状很相似。发病初期果皮软化，水渍状退色，用手轻压极易破裂。此后在病斑表面中央长出许多气生菌丝，形成一层厚的白色霉状物，并迅速扩展成白色近圆形霉斑。接着又从霉斑中部长出青色或绿色粉状物，即分生孢子梗和分生孢子。由于外缘由菌丝组成的白色霉斑扩展侵染快，几天内便可扩展到全果湿腐。橘园发病一般始于果蒂及邻近处，贮藏期发病部位无一定规律。

(2)防治措施

①*橘园防治* 采果后全园树株喷 1 次 0.5 波美度的石硫合剂，如气温较低，可加到 1 波美度。冬季施肥时，翻一次园土，把土表霉菌埋于土中。合理修剪，去除荫蔽枝梢，改善通风透光条件，减低株间过高的空气湿度。9 月中旬，喷 1～2 次杀菌剂保护，特

别是要尽量喷到果实。药剂选用常规品种，如托布津、福美甲胂、波尔多液等。

②贮藏期防治　选择晴天采果，轻采轻放，不让果损伤。挑出虫伤果和机械损伤果。用50%多菌灵可湿性粉剂600倍+200毫克/千克2,4-D混合液浸鲜果1分钟，晾干，置放3天再用薄膜单果包装入箱。

用1 000毫克/千克噻菌灵+200毫克/千克2,4-D可使发病率控制在3%～12%，略优于多菌灵。经贮藏后，处理甜橙的品质、风味差异不大。甜橙若浸果1分钟，全果残留不超过极限量10毫克/千克，低于联合国粮农组织和世界卫生组织建议的最高残留量极限。甜橙、化州橙、蕉柑、温州蜜柑、沙田柚等品种处理后贮藏3个月以上，好果率一般达90%以上。

用仲丁胺100倍液+100毫克/千克抑霉唑+150毫克/千克2,4-D，或仲丁胺100倍液+100毫克/千克抑霉唑+100毫克/千克赤霉素（GA_3）对红橘和蜜柑有较好的防腐效果。

据广东省农业科学院的研究结果，用500毫克/千克噻菌灵+166～332毫克/千克抑霉唑可兼防黑腐病。

17. 如何防治柑橘类果实的酸腐病？

柑橘酸腐病又称白霉病，是柑橘贮运中常见且难防治的病害之一。近些年，各地对青、绿霉病加强防治后，酸腐病发生日益增多，已成为当前柑橘贮藏中的重要病害。若与青、绿霉病和褐腐病混合发生，腐烂速度大为加快。柑橘类中尤以柠檬、酸橙最易患酸腐病；橘类、甜橙类的发病也很严重。

(1)危害症状　酸腐病只危害果实。一般发生于成熟或生理衰弱、特别是贮藏较久的果实。目前各地许多果园，未成熟便采收的青果极少发生。虫害（尤其是吸果液蛾危害）、风害、裂果造成的各种果实损伤使酸腐病菌更容易侵入。

果实受侵后，出现水渍状斑点，病斑扩展至2厘米左右时便稍下陷，病部产生较致密的白色菌丝层，有时皱褶呈轮纹状，后表面白霉状，果实腐败，流水，并发出酸味。

(2)防治措施

①药剂防治吸果液蛾，或采收时不用尖头剪刀，小心造成伤口。

②低温贮运。一般果温低于10℃，几乎可完全抑制酸腐病，但柠檬在10℃中贮藏时间过长，会引起生理伤害。

③抑霉唑是目前防治酸腐病效果相对较好的药剂，常用500～1 000毫克/千克浸果处理，美国已广为应用。

18. 如何防治柑橘类果实的炭疽病?

柑橘炭疽病是我国柑橘产区普遍发生的一种重要病害。发病严重时引起大量落叶，枝梢枯死。在贮藏运输期间，还常引起大量果实腐烂。

(1)危害症状 果腐型主要发生于贮藏期果实和果园湿度大时近成熟的果实上。大多从果蒂部或近蒂部发病，也可由干疤型发展为果腐型。病斑初为淡褐色水渍状，后变为褐色至深褐色腐烂。果皮先腐烂而后内部果肉变为褐色至黑色腐烂，有时数斑融合成大斑块，终至全果腐烂。在果园烂果脱落，或失水干缩成僵果，经久不落。湿度很大时，病部表面产生灰白色，后变灰绿色的霉层，其中密生小黑烂点或橘红色黏质小液点。

(2)防治措施 防治重点主要在田间，只有在田间防病的基础上，采后防治才有明显效果。广东省一些地方用1 000毫克/千克噻菌灵＋200毫克/千克2,4-D，主要针对青、绿霉病的防腐处理，对炭疽病防治效果也较好。

19. 如何利用中草药类保鲜剂防止柑橘类果实腐烂？

化学防腐剂在柑橘上的应用产生了巨大的经济效益，但是处理后的果实却存在着残留问题。因此，探讨无毒高效的中草药在柑橘采后防腐处理上的应用是很有实际意义的。

(1)大蒜浸出液 大蒜中含有大蒜挥发油，油中主要成分为大蒜素（化学名称是二烯丙基硫代磺酸酯），是新鲜大蒜中所含大蒜氨酸经大蒜酶分解产生的，其中包括大蒜菌素和大蒜新素。大蒜素对真菌类如炭疽菌、立枯菌、根霉菌等有抑制和杀灭作用。

大蒜浸提液的配制：将新鲜大蒜切片在冷水中浸 12 小时后，再煎煮至沸，制成 10%大蒜浸出液。或取 1 份大蒜，捣碎后加入 10 份 80℃～90℃的热水，冷却至常温备用。将采收后的柑橘果实浸泡大蒜提取液中，经 10～15 秒后捞出，通风晾干后，放入装有硬纸垫的空格杉木箱内，在通风库或普通房屋贮藏。存放 70 天后好果率达 92.4%，100 天后好果率仍在 90%以上。

(2)高良姜煎剂 高良姜又名蛮姜、风姜、小良姜，为姜科植物。高良姜所含防腐成分主要是挥发油，占 0.5%～1.5%，其中包括桉叶素、高良姜素及三元素等。高良姜提取液具有广谱杀菌作用。将药汁喷布在生长的青霉菌上，4 小时内，菌体芽管生长受阻、变形，全部死亡。

高良姜浸提液的制取：取高良姜 1 千克，加水 10 升并煮沸 45 分钟，充分煎取药物成分。煮沸过程中随时补加蒸发的水分，使药汁保持在 10 升左右。将所得药汁趁热过滤，冷却后备用。将高良姜提取液加漂白虫胶（提取液：漂白虫胶为 1：1.5）调和成涂料，涂抹在海绵板上滚动的柑橘果上，也可采用其他方式的涂果方法。

涂毕即可装入柳条筐，置室内常温贮存。此法贮藏 95 天后，烂果率仅为 7.8%，而对照烂果率达 37%。

20. 不同香蕉品种的耐藏性如何?

我国目前所栽培的香蕉有高脚蕉、矮脚蕉、烹食蕉 3 种。高脚蕉的主要品种有香芽蕉、北蕉、仙人蕉；矮脚蕉主要品种有天宝蕉；烹食蕉主要品种有大蕉、木瓜蕉等。

香蕉的品种和蕉果的饱满度（或称长度）与贮运寿命密切相关。如广东东莞产区各主栽品种中，油蕉比高把、矮把稍耐贮藏。一般要求长期贮藏或远途运输的香蕉，其采收的饱满度应适当降低，蕉果饱满度在 70%～75%为宜，用于中短期贮藏或近距离运输的蕉果，饱满度在 80%左右为宜。

21. 香蕉贮藏的适宜环境条件是什么?

香蕉属热带水果，目前已是我国水果北运中最主要的南方果品之一。香蕉适宜的贮藏温度为 11℃～13℃，空气相对湿度为 90%～95%（成熟果为 85%～90%），气调贮藏时的气体成分要求是氧 2%～4%、二氧化碳 5%、乙烯为低浓度或无乙烯存在。

22. 香蕉的采收是怎样进行的?

(1)成熟度的判断 香蕉的成熟与其他果实不尽一致，香蕉果实的成熟主要以“饱满度”来确定。一般果实生长达到最大程度的一半，具有明显的棱角时，为 7～7.5 成熟；果实棱角不太明显，果实饱满时为 8 成熟；果面棱角基本消失时则为 8.5 成熟；果实圆满无棱时为 9 成熟。

有的以饱满度结合果实色泽判断成熟度。当果实棱角已呈圆形而不明显，果实充分“肥满”，皮色由绿色变浅或转黄色即已成熟。在树上自然成熟的香蕉容易开裂，水分少，风味差，不适宜贮藏运输，故贮运香蕉都是未充分成熟前采收。

(2)采收 采收时，先割下1片完整的蕉叶铺在地面，以备放果穗。用镰割断果轴后，用快刀去轴落梳。香蕉落梳方法有2种，即带蕉轴落梳和去蕉轴落梳。带蕉轴的落梳方法是横切。由于蕉轴组织疏松，含水量大，微生物容易滋生繁殖，造成腐烂。去轴落梳的方法是纵切，落梳刀为月牙形的锋利切刀，这样可以减少微生物的侵染，使腐烂损失减少。目前，生产上多采用去轴落梳的方法。

采收的同时，剔除不合格蕉果。即将质量较差的尾蕉(果轴上最后的一梳蕉果)、鬼头黄蕉(一梳中个别蕉指变软并呈黄色)、回水蕉(蕉轴在采收前蕉身已经死亡，蕉指呈现陈旧软弱状)，以及机械损伤的蕉果挑出，另行处理。

23. 香蕉采后如何进行防腐处理？

香蕉采收后果柄端极易腐烂。引起病害的病原体主要是刺盘孢菌、镰刀菌、长喙壳菌等。目前，常用的药剂有甲基硫菌灵、多菌灵、苯菌灵、噻菌灵。前3种对防止香蕉的真菌腐烂效果较好，但对炭疽病效果不好，噻菌灵对防治香蕉炭疽病有良好的效果。所用药剂的浓度，要根据季节不同而有所不同。夏季用药浓度为0.2%，冬季用药浓度为0.1%。浸药的方法是先将防腐药剂按照所需浓度配好，然后把去轴落梳蕉放入药液浸泡30秒，浸果后，蕉果稍沥干即可包装、运输。这样香蕉在夏天2～3周、冬季1～2个月内不会发霉变质。

24. 香蕉长途运输时的基本要求有哪些?

用于远距离运输的香蕉,一般以七八成熟为宜。近距离或产地贮销的果实,可于果实九成熟时采收。

无论采用哪种车型贮运香蕉,装车前的香蕉质量一定要保证。有黄熟现象和严重机械伤的香蕉,呼吸强度显著升高,散发的呼吸热量大,装车后车温不易降下来,回升也快,而且车内有个别黄熟香蕉,散发出的乙烯能起到"连锁反应"的作用,可使全车香蕉很快全部黄熟。尤其是长途运输,运输时间长,就更应注意这个问题。因此,从砍蕉到装车不要超过 3 天。包装时,对不合要求的肥蕉、黄熟蕉、烂蕉、严重机械伤的香蕉要严格剔除。短途运输中,香蕉要用蕉叶遮盖,防止风吹日晒等,确保装车前的香蕉质量。

香蕉的运输温度为 10℃～16℃。装车后应在 24 小时内把香蕉温度降至要求温度并加以稳定。采收后的香蕉带有大量的田间热,装车时蕉果温度较高(夏季在 30℃左右),装车后如不尽快降至要求温度并使之稳定,全车香蕉很快黄熟,并散发出大量的呼吸热,此时再想把温度降下来便十分困难。试验证明,用机械保温车运输香蕉,装车后立即开机制冷,经过 4.5～10 小时就可使平均车温降至 10℃～12℃,经 14～26 小时就可使平均货温降至 13℃～15℃。

香蕉运输时既怕热又怕冷。高温下很快后熟变软,而温度低又使果实出现冷害,造成损失。冷害的症状表现为果皮外部颜色变暗,严重时成黑色,并失水干缩;内部出现褐色条纹,中心变硬,不能正常后熟,食之淡而无味。因此,运输中既要防热又要防冷,才能保证果实质量。

装载时必须留有通风道。并按照箩筐本身口大底小的特点,口对口、底对底的按顺序排列堆码,使筐与筐之间形成自然的缝隙，便于空气循环和冷热交换。

如用加冰车运输香蕉，须根据运输的距离，计算好加冰数量和中途加冰次数。

25. 如何利用塑料薄膜进行香蕉的简易气调贮藏？

用聚乙烯薄膜袋包装香蕉，通过薄膜袋的自发气调作用来延长香蕉的贮运寿命。薄膜厚0.03～0.04毫米，每袋装入经防腐处理的果实10～15千克，在袋内放入吸足饱和高锰酸钾溶液的碎砖块或蛭石、沸石、珍珠岩等150～200克，作为乙烯的吸附材料，另外，再加入80～120克氢氧化钙（蕉果重的0.8%）吸收二氧化碳，以免高浓度二氧化碳对蕉果的伤害作用。如在固体乙烯吸附剂中再加入少量分子筛、硅胶或活性炭，还可除去其他有害气体，保鲜效果更好。聚乙烯薄膜袋包装还减少了因蒸腾作用而引起的失重。绿色香蕉采用此法贮运，即使在夏季高温条件下，也能保证香蕉安全贮运15～20天，仍然青绿硬实。

用塑料薄膜袋包装贮藏香蕉，在普通简易贮藏条件下作用比较明显。若在贮藏后期封口稍松，形成自发“动态气调”，效果更佳。绿色香蕉在20℃条件下可存放6周，30℃条件下可存放6天不熟化。

26. 香蕉果实贮藏时的化学药剂处理是怎样进行的？

利用化学药剂处理，是香蕉贮藏所必需的辅助措施，生产上常用的有以下几种方法。

(1)化学药剂浸果贮藏　采后浸蘸0.01%赤霉素＋0.025%

苯菌灵，能保持绿色，延迟后熟，减少腐烂。另外，采前20～30天用0.2% B_9，或0.005%～0.006%赤霉素喷果，采后用赤霉素液浸果，也有保绿、延缓后熟的作用。

(2)蔗糖酯涂膜法 用0.9%蔗糖酯涂膜药液浸果、晾干，即包装入贮。可在28℃左右常温条件下延长贮藏期5～10天，保持20～25天商品价值。该法处理的香蕉果皮光滑，青硬期较长，并能较好后熟。

(3)SM保鲜剂贮藏法 据试验，采用SM-3果蔬保鲜剂浸涂香蕉后，在25℃～32℃和空气相对湿度90%条件下贮藏，可达60天，好果率92%以上，明显抑制了病腐果的发生。

27. 香蕉上市前的催熟是怎么回事?

香蕉在运至销售地点后，上市前需要进行催熟处理，常用的处理措施有以下几种。

(1)农户简易催熟 农户少量果实催熟，可于密闭容器中装香蕉，其间放几个充分成熟的苹果或梨、柿，或放一小盅白酒，密闭几天即可。

(2)熏香法催熟 少量催熟香蕉时，可于密闭容器或催熟小屋内点燃普通棒香。25℃左右密封20小时，20℃左右密封24小时。2 500千克果实用15枝棒香燃烧催熟。

(3)乙烯利催熟 乙烯利处理的方法以喷洒或浸蘸为好，让其自然晾干，存放在普通室内3～4天即可黄熟。催熟香蕉的浓度随温度不同而有变化。17℃～19℃时，用0.2%～0.3%乙烯利处理，经70小时才变为黄色；20℃～23℃时，用0.15%～0.2%处理，经60小时处理，果实可变黄；23℃～27℃时，用0.1%处理，48小时果实可变黄。

28. 如何防治香蕉炭疽病?

香蕉炭疽病从生长期开始发病,但以贮运期受害最重,损失很大。

(1)危害症状 病部产生许多朱红色黏质小点。干燥天气,病部凹陷干缩。果梗和果轴发病,同样长出黑褐色不规则病斑,严重时全部变黑、干缩或腐烂,后期也产生朱红色黏质小点。

(2)防治措施

①*喷药保护* 结果初期开始喷药保护果实,每隔10～15天喷1次药,连喷3～4次。如遇雨季则隔7天左右喷1次,着重喷果实及附近叶片。药剂可选用50%多菌灵可湿性粉剂500倍液与农用高脂膜水乳剂200倍混合液、1∶0.35∶100波尔多液等。

②*采果* 果实成熟度75%～85%时采收最好,过熟时容易损伤和易感病,一般当地销售的可在成熟度达九成时采收,远地销售的应提前到成熟度为八成或七成时采收。采果应选择晴天,采果及贮运时要尽量避免损伤果实。

③*药剂浸果* 采果后用45%噻菌灵悬浮剂450～600倍液浸果数秒至1分钟,捞出晾干,可控制贮运期间烂果。

④*贮运库消毒* 用库房消毒剂或噻菌灵烟熏剂熏蒸,或用硫磺熏蒸24小时进行消毒。

29. 如何预防香蕉贮藏期的低温冷害?

香蕉在11℃以下的温度中贮藏,即发生冷害。冷害温度因果实状态、品种、受冷时间等不同而异。在10℃以下经几小时就有轻微的变淡变暗,在7.2℃下,冷害即相当严重。如冷害的程度比较轻,果实成熟后虽外观不良,其果肉的风味和果质尚无影响,仍具有食用价值。

香蕉冷害与温度、空气湿度和气体成分有关。成熟度在3/4饱满至3/4轻度饱满的拉加丹蕉，在有孔和密封的聚乙烯袋中贮藏，在13.3℃～13.9℃时能避免冷害，如在13.9℃～14.4℃时更为安全，而且密封聚乙烯袋似乎更能减轻冷害。空气湿度和冷害呈明显的负相关，3/4饱满成熟度的拉加丹蕉，贮藏在温度8.3℃，空气相对湿度在接近100%时，能降低冷害，而空气相对湿度在58%和37%时，则立即发生生理失调。贮藏时空气湿度越高，冷害症状越轻。据研究，拉加丹蕉(3/4轻度饱满的)在10℃以下，以不同浓度的二氧化碳和氧气处理，在3%～6%的氧浓度下，较高的二氧化碳(7%～10%)会造成更严重的冷害，而低浓度二氧化碳则无大影响，在稳定的低浓度二氧化碳(0%～5%)条件下，浓度较低的氧(3%～4%)，也能减轻冷害，成熟的香蕉较易发生冷害。

30. 香蕉的高二氧化碳伤害是怎么回事?

高浓度二氧化碳(15%或15%以上)会使香蕉产生异味，这可能是由于乙醇和乙醛的积累所致。高浓度二氧化碳对香蕉伤害程度受采收成熟度、在高二氧化碳下时间的长短和贮藏温度的影响。在旺季早期采收的果实和长期在高温下贮藏的香蕉容易遭受二氧化碳伤害。在较低的空气湿度下，长时间在较低二氧化碳浓度(5%～10%)条件下贮藏，也会使香蕉产生二氧化碳伤害。所以，贮藏中要及时测定二氧化碳和氧浓度，有效控制二氧化碳浓度，减少高二氧化碳对香蕉造成的伤害。参考的气调指标为：温度11℃～13℃，氧2%，二氧化碳6%～8%。

31. 如何防止高浓度乙烯催熟香蕉时造成的品质劣变?

香蕉常采用乙烯或乙烯利进行催熟。采用乙烯催熟的方法催熟快,成熟比较一致。方法是将香蕉装入一个密封室内,按 1∶1 000 的浓度(乙烯与催熟室的空气容积比)输入乙烯气体,在温度 20℃和空气相对湿度 85%下,大约经过 24 小时的处理即可达到催熟效果。如果采用乙烯利催熟,在 17℃～19℃时,采用的浓度为 3 000 毫克/千克左右;在 20℃～23℃时,采用浓度为 1 500～2 000 毫克/千克;23℃～27℃时,用 1 000 毫克/千克,直接喷洒和浸果,以每个蕉果都沾到药液为宜。一般存放 3～4 天即可。因此,为防止高浓度乙烯催熟造成的品质劣变,需在上述参考浓度范围内进行。

32. 不同菠萝品种的耐藏性如何?

菠萝按其种类可分为 7 类,有卡因类、皇后类、西班牙类、卡泊宋那类、马依普里类、勃兰哥类、阿马多类。其中皇后类较耐贮藏运输,西班牙类及勃兰哥类耐藏性较好,其余类别的菠萝分别适于鲜食或加工。

就品种而言,新加坡种较耐贮藏,夏威夷种和菲律宾种耐藏性中等,有刺品种耐藏性差。

33. 菠萝贮藏的适宜环境条件是什么?

菠萝贮藏运输的适宜环境条件为:温度 8℃～10℃,空气相对湿度85%～90%。在此条件下，因品种不同贮藏期可达2～4周。若采用气调贮藏，氧含量控制在2%的条件下，可抑制霉菌，改善果实外观，达到较好的保鲜效果。

34. 菠萝的采收、分级与包装是怎样进行的？

(1)成熟度判断 菠萝果实的贮藏性与采收成熟度关系很大。成熟度越高，菠萝的耐藏性越差。未成熟的果实肉质坚硬而脆，缺乏果实固有的风味。一般八成熟左右的菠萝最适于贮藏和远途运输，菠萝成熟期不一致，但80%集中在5～7月份成熟。

菠萝的成熟过程，可分青熟、黄熟和过熟3个时期。确定其成熟度的标准如下。

①**青熟期** 果皮由深青绿色变为黄绿色，白粉脱落，呈现光泽，小果间隙的裂缝呈现浅黄色。果肉开始软化，肉色由白色转为黄色，果汁渐多，成熟度达七八成熟。用于长途运输的果实，可于此期采收。

②**黄熟期** 果实基部2～3层小果显现黄色，果肉橙黄色，果汁多，糖分高，香味浓，风味佳，成熟度达九成熟左右，为鲜食最佳期，可作短途运输，但品种间颜色略有差异，新加坡种和菲律宾种成熟时果皮较黄。

③**过熟期** 果皮全黄色，果肉开始变色，组织脱水，果汁特多，糖分下降，香味变淡，逐渐失去鲜食价值。

(2)采收、分级与包装处理 果实采收时间，以晴天清晨露水干后为宜。切忌阴雨天采收，以免发生腐烂。采收方法是用刀去掉叶片，割取果实，保留2厘米长的果柄。收割时务必仔细，轻拿轻放，避免损伤果实。采后随即移至阴凉通风处，经预冷散热并稍干燥后，再进行分级包装。一般按重量标准分为1.5千克、1千克、0.5千克等几个级别。菠萝装箱(筐)时应注意妥善排放，每箱装果1～2层，果间填充干燥柔软材料，以防运输途中震荡而致果实受伤。包装容器应能通气，便于内外气体交换。装量以25千克左右为宜。为防止菠萝贮运中发生腐烂，可于采后进行消毒杀菌处理。

35. 菠萝长途运输时应注意哪些问题？

菠萝的长途运输，应注意果实的低温伤害，即冷害。

(1)冷害症状 最初在接近果心的小果基部出现暗色斑点，以后连成片，果肉组织变为黑色，并呈现水渍状，出库后特别容易腐烂。

(2)防止措施 用20%～50%的石蜡-聚乙烯制成的乳剂涂被果体及冠芽，可减轻冷害的发生；注意控制好运输途中的温度，使之不能低于7℃。

36. 菠萝贮藏中如何进行药剂防腐处理？

菠萝贮藏时的药剂防腐处理，常用的方法有以下几种：一是将适时采收的菠萝经预冷散热后，用1%二苯胺或2.5%丙酸钠或1%山梨酸水溶液浸过的包果纸包裹，放在果筐内置于适宜的贮藏条件下，这样贮藏1个月尚可食用。二是用0.025%萘乙酸和0.025%2,4-D配成的溶液喷洒菠萝果实，对黑心病有一定程度的抑制作用。三是用复方多糖保鲜剂喷涂菠萝果实，晾干后装筐堆放在室温下，能有效地控制黑腐病，对黑心病也有一定的防治效果。在贮藏20～30天时间内，防治效果可高达85%以上，留冠芽的果实经保鲜剂处理，黑心病的发生率比不留的低许多。

37. 菠萝贮藏中如何使用塑料薄膜进行简易气调贮藏?

利用塑料薄膜进行简易气调贮藏,主要是利用菠萝自身呼吸形成低氧、高二氧化碳气调环境,能减少失重,推迟果实转黄,减缓成熟衰变过程。贮藏1个月后尚能保持果皮新鲜、果蒂青绿、果实饱满、肉质不变,具有良好的色、香、味。

(1)薄膜袋装贮藏法 在菠萝果皮色泽全青时采收,采收后用0.1% 2,4-D钠盐或0.2%重亚硫酸钠溶液浸果,晾干后选好果装入预先衬放在箱或筐内的薄膜袋中,袋底及袋内四周垫草纸。果实放满后,面上再覆盖一层草纸,然后密封袋口。

(2)石蜡涂封贮藏法 该法可使菠萝在常温条件下保鲜45天以上,好果率保持在90%以上,且果皮新鲜、果蒂青绿,保持原有的色、香、味。具体方法是待菠萝七八成熟时采收,挑选无损伤果实进行贮藏。将石蜡放入锅中熬煮融化,稍晾至有凝结时,把选好的菠萝浸入蜡液中,即浸即捞出,使果面均匀地封上一层薄蜡,然后置于室内或库内的适宜条件下贮藏。

38. 如何防治菠萝北运过程中的黑心病?

黑心病是菠萝北运过程中常见的生理病害,主要发生于秋冬的果实。

(1)危害症状 黑心病指由菠萝果实生长及贮运过程中低温导致的病害,果实外部无症状,但剖开后,紧靠中轴的果肉变褐,甚至变黑,故又称"内部褐变病"。病果通常先小果出现病斑,后褐斑互相连接,色泽渐深,并向果髓发展,最终果髓几乎完全变黑,甚至果肉也部分变黑，而果实外表并无异状，闻之仍具菠萝香味。

(2)防治措施 一是注意采收的菠萝不能放在低于8℃的条件下贮运。二是在菠萝果实生长期不应使用赤霉素(GA_3)。

39. 不同杧果品种的耐藏性如何?

杧果原产自亚洲南部，在我国主要分布于海南、广东、广西、云南、福建、四川等地，由于杧果果形优美、肉质细滑、汁多可口、芳香味浓而深受人们的喜爱，成为世界名贵果品之一。目前，大面积栽培的耐藏性好的品种有大青蜜杧、秋杧、吕宋杧、椰香杧、白象牙杧、象牙22号等。

40. 杧果贮藏的适宜环境条件是什么?

由于杧果生长于热带、亚热带地区，故对低温比较敏感，一般在10℃左右即出现冷害，而高温又会加速其腐烂。因此，贮藏杧果的适宜温度以12℃～13℃为佳，要求空气相对湿度85%～90%。气调贮藏时的气体成分要求氧5%、二氧化碳5%。

由于乙烯会加速杧果的后熟衰变，故贮藏时尽量保持贮果环境中空气的新鲜，避免通风不良以及乙烯的不利影响。采用气调贮藏时也尽可能使用乙烯吸收剂，排除乙烯对气调贮藏效果的不良作用。

41. 杧果的采收是怎样进行的?

(1)成熟度的判断 根据杧果外观，达到品种应有大小、两肩浑圆、果实色泽由浓变淡、果点或花斑明显时，果实即基本成熟；剖开果实，种壳已变硬，果肉已由白色变成黄色，果实已基本成熟。

另外，杧果从开花坐果至果实成熟所需的天数因品种和气候条件而异，但同一地区差异不大。如吕宋杧、泰国白花杧等在海南需85～95天成熟，在广西需120天才能成熟，而晚熟品种秋杧在广西则需130～150天才能成熟，各地可依据历年经验确定具体采收期。

(2)采收技术 采收时间应选在晴天上午，凡雨天采收的果实均不耐贮藏，且易感染炭疽病和蒂腐病。采收时用果剪逐个剪下，并留有长2～4厘米的果柄，然后让果柄自然脱落，以免造成伤口溢汁，引起腐烂。禁止用力摇落或用竹竿打落。采收时要轻拿轻放，采后迅速移至阴凉处散热，剔除病、虫、伤果。

42. 杧果的贮藏保鲜技术有哪些?

杧果的产地贮藏保鲜技术措施，主要有通风库贮藏和利用塑料薄膜进行小包装贮藏，但是一般在贮藏前，为防止炭疽病、蒂腐病的发生，把经过选择的果实，结合洗果进行杀菌防腐处理。据试验，用1％醋酸溶液洗果效果较好，若用50℃、0.05％苯菌灵或噻菌灵浸果，效果更佳，对炭疽病的防治效率在95％以上，也可在常温下用0.1％苯菌灵或噻菌灵浸果。浸果后捞出晾干，再进行包装贮藏。

(1)通风库贮藏 杧果经挑选、浸果后若直接放入低温环境中易发生冷害，所以先放在阴凉通风处让其散发田间热，逐步降温，然后将杧果装入垫有松软山草的竹筐内，在12℃左右的通风库内贮藏。贮藏期间要经常通风换气，并使库内空气相对湿度保持在85％～90％。贮藏结束后，转入室温下进行后熟。经过后熟的杧果果皮转黄，果肉变软，香甜无涩味，但容易腐烂，要及时销售。

(2)聚乙烯袋简易气调贮藏 把经过防腐、预冷后的果实，用聚乙烯薄膜袋单果密封包装，利用其自身呼吸形成低氧和高二氧化碳的环境，延缓杧果的后熟衰变过程，可延长杧果贮运时间 2～15 天，贮藏期达 1 个月左右。但应注意，贮藏结束后应去掉聚乙烯薄膜小袋，以防止发生二氧化碳伤害。杧果贮后需在 21℃～24℃条件下后熟，以改善其品质和风味。

贮藏中若氧含量达 8%左右、二氧化碳 6%左右，则效果较好。若二氧化碳含量超过 15%，杧果不能正常转色和成熟。

另外，在贮藏杧果的薄膜袋中放些乙烯吸收剂——高锰酸钾载体，可以提高贮藏效果。

43. 不同荔枝品种的耐藏性如何?

不同品种对贮藏条件的适应性和自身的耐贮运性不尽相同。一般来说，晚熟品种比早熟和中熟品种耐贮运。槐枝、黑叶、桂味、白蜡子及尚书槐等品种较耐贮藏，一般在适宜温度条件下贮藏 30 天后仍能保持其色香味基本不变，而三月红和糯米则仅能保存 15～25 天。三月红属早熟品种，最不耐贮藏。

44. 荔枝贮藏的适宜环境条件是什么?

荔枝贮藏的适宜环境条件一般是:温度 1℃～3℃、空气相对湿度 90%～95%，气调贮藏时适宜的气体成分为氧 5%、二氧化碳 3%～5%。

45. 荔枝的采收是怎样进行的?

荔枝的采收期要根据市场需要和各品种的成熟度来确定，以八成熟为宜。此时荔枝果实已基本转红，龟裂纹带嫩绿色或黄绿色，内果皮仍为奶白色。成熟度过高时耐藏性降低。用于长途运输（如北运）的荔枝果实，应适当早采。

采摘时应在晴天的早晨为宜，可避免盛夏的炎热，减少果实田间热，加快预冷和入库后的降温速度。摘荔枝时可带少量穗枝，切勿损伤果蒂，尽量减少机械伤。最好不要在雨后采摘荔枝，否则会增加果实腐烂。

46. 荔枝贮藏前如何进行防腐杀菌处理？

荔枝贮藏前必须进行防腐杀菌处理，生产上常用的有以下几种措施：一是用0.5%～1.5%脱氢醋酸钠浸果，可抑制霉菌的发展。二是用0.1%苯菌灵或噻菌灵，能有效防止荔枝果实腐烂，并有防止果实褐变的功效。三是用二氧溴烷熏果，每千克荔枝用药1克，或用0.05%氯硝铵和0.05%噻菌灵溶液浸果3～5分钟，再用厚0.03毫米聚乙烯薄膜袋包装，每袋装1～2千克，在2℃～3℃的冷库中贮藏，25～30天后，色、香、味正常。四是用0.2%多菌灵溶液浸果1分钟，塑料袋包装，每袋装1千克。五是用0.1%噻菌灵＋0.1%三乙膦酸铝杀菌处理后，装入厚0.025毫米聚乙烯薄膜袋中，每袋1千克，在5℃条件下贮藏。

47. 荔枝的简易贮藏保鲜技术有哪些？

（1）荔枝常温贮运保鲜关键技术　荔枝在常温下只能短期保鲜7～10天。具体保鲜期长短因品种、产地和贮温而异。一般八成熟采收，将经分级、去梗或扎束的荔枝装塑料周转箱，整箱在1 000毫克/千克异菌脲、噻菌灵、多菌灵＋1 000毫克/千克柠檬酸液中浸果2分钟，晾干后用厚0.02～0.04毫米聚氯乙烯或聚乙烯塑料薄膜袋包装（每袋250克或500克），或装在250克硬型盒后再用聚氯乙烯膜包装，然后包装在带孔（直径2厘米、10个）的纸板浅箱中。每箱12盒、16盒或20盒,也可用内衬聚氯乙烯薄膜的纸板箱大包装,每箱5千克,或每箱2袋(5千克)。

保鲜剂处理,即在48℃～50℃的500毫克/千克苯菌灵热药液中浸果2分钟左右。热药液的浸果时间因品种而异,要注意防止热伤而增加发病。出口的荔枝需经46℃蒸汽热处理20分钟,以消灭检疫性害虫。

(2)荔枝冷链贮运保鲜技术 荔枝冷链保鲜贮运技术是目前最常用的有效保鲜方法,一般可保鲜25～45天。冷链保鲜贮运技术的关键是采后快速预冷、防腐保鲜处理、保持稳定低温和一定湿度及防止冷害。

①**预冷** 为防褐变和腐烂,采后须尽快降低果温,排除田间热,降低其生理活性、呼吸作用,抑制病原菌活动,可显著延长保鲜期。我国目前缺乏先进预冷设施,一般可采用冰水药液(即用冰水配药)浸果,既防腐保鲜又预冷。药液配方同常温保鲜。冰水药液温度5℃左右,浸果5～10分钟,果温可降至10℃左右,处理过程中每隔半小时左右要补加碎冰和药剂,以保持低温和药剂浓度。处理后迅速运进1℃～4℃冷库,进一步预冷,并进行去梗或扎果束包装。包装方法同常温保鲜。

②**贮运** 从采收、预冷、防腐保鲜处理、包装到冷藏,最好在5～6个小时内完成。贮运过程中温度保持在1℃～4℃(因品种而异),并尽量保持稳定低温。运输最好用冷藏集装箱或机械冷藏车,也可采用冰盐保温车,还可采用泡沫塑料箱中加冰方法。用一般密封棚车运输,可将果实经分选捆扎、冰水药液保鲜预冷处理后,装进泡沫塑料箱中,在箱上方或中部加放约果重1/2的用厚塑料袋或桶装的冰。并尽快装车、封车、发运,运输车辆要注意隔热。到达销地要入冷库,销售过程要用冷柜。

(3)荔枝速冻长期保鲜技术 荔枝果实采后经分选装进塑料周转箱。冻结温度应在－23℃以下,用塑料袋包装后入－18℃冷库冻藏。为防止速冻期间果皮褐变，可采用下列方法进行护色处理。

①热蒸汽—柠檬酸护色法　用98℃～100℃热蒸汽处理20～22秒，鼓风降温吹干，喷洒3%柠檬酸溶液，再用鼓风机吹干，再喷洒3%柠檬酸。然后送入低温冻结、冻藏。

②沸水烫漂—柠檬酸—食盐护色法　用100℃沸水烫漂7秒，置于3℃～5℃冷水中2～3分钟，再浸入5%柠檬酸和2%食盐混合液中2分钟，然后冻结、冻藏。

③柠檬酸—食盐—亚硫酸氢钠护色法　用10%柠檬酸、2%食盐、2%亚硫酸氢钠混合液浸果2分钟，然后冻结、冻藏。该法护色效果好。

48. 不同龙眼品种的耐藏性如何？

我国栽培的龙眼品种较多，但耐贮运的品种并不多。据报道，福建地方品种卯本、冰糖肉，福建泉州、晋江的东壁（糖瓜蜜），福建莆田油潭乡的油潭本等品种耐藏性较好。

49. 龙眼贮藏的适宜环境条件是什么？

龙眼贮藏的适宜温度为1℃～3℃，空气相对湿度90%～95%，此条件下可使果实保鲜10～15天。气调贮藏时，氧气含量以6%～8%、二氧化碳含量以4%～6%比较适宜，可使果实保鲜40天以上。

50. 龙眼的采收与包装是怎样进行的？

用于贮藏运输的龙眼，宜在八九成熟时采收。采收过早，果实发育不全，有生青味，品质差；采收过迟，则甘味减淡，品质下降，易落果。适宜采收成熟度的标准是：果皮呈现各品种固有的色泽，即由青色转为黄色、褐色；果皮由厚而粗糙转为薄而光滑；果肉由坚硬开始转为带柔韧性；生青味消失，口味由甜转为浓甜；种子充分硬化，种皮呈现黑褐色或栗色。

采收时间应选择在晴天的早晨进行。采收方法是：在果穗基部3～6厘米处，带1～2片复叶折断，即短枝采摘。断口要整齐，采后小心轻放于果篓中，置于阴凉处。

鲜果处理包装前应先除去果穗上的叶片及病伤果，并将穗梗剪齐，果篓箩底垫叶，逐层转放，果穗朝外，穗梗朝内，中部留出空隙通气，防止伤热腐烂。装量一般15～20千克，装好后迅速入贮。

51. 龙眼果实的产地贮藏保鲜技术有哪些？

龙眼果实的产地贮藏保鲜技术主要有吊挂贮藏和塑料薄膜简易气调贮藏。

(1)吊挂贮藏 吊挂贮藏是龙眼产地民间少量贮藏的一种土方法，即用沸水烫果后进行吊挂贮藏。具体做法是将采下的果穗浸于沸腾的开水中进行杀菌处理，浸烫30～40秒，以不烫伤果肉为度，热烫后随即取出，挂于阴凉通风处。由于果肉水分随保存时间延长而减少，一般不易长霉，但晾后的风味与鲜果稍有差异。

(2)塑料薄膜简易气调贮藏 龙眼果实采收后，预冷1～2天，然后进行挑选整理，用0.1%甲基硫菌灵淋洗果穗，以杀菌消毒。晾干后装入厚0.04毫米的聚乙烯薄膜袋中，为方便搬运，可先装入塑料周转箱中，再套上塑料薄膜袋。贮藏条件是：温度1℃～3℃、空气相对湿度85%～95%，袋内的气体指标控制在氧6%～8%、二氧化碳4%～6%。

也可用塑料薄膜帐进行气调贮藏。果实经挑选处理后，使用仲丁胺进行熏蒸处理，用药量为 0.15 毫升/千克，熏蒸处理 24～36 小时。然后扣帐，贮藏条件同上。可使龙眼果实保鲜 40 天，好果率达 90％以上。

52. 减少龙眼贮运损失的措施有哪些？

龙眼是亚热带名贵果品，在我国南方 8 月份高温季节成熟。龙眼属无呼吸跃变型果品，呼吸强度中等，乙烯释放量低，不耐贮运。

(1)防低温冷害 龙眼一般在 3℃以下低温就有发生冷害的可能性，果皮褐变并易染病腐烂。不同品种龙眼的冷害温度界限不同，如福建的泉州本、福眼等品种较耐低温贮藏，在 3℃～4℃条件下贮藏未见冷害。

(2)防果皮褐变 具体做法同荔枝。

(3)防气体伤害 龙眼可进行气调贮藏，但龙眼耐二氧化碳能力有限，若浓度超过 10％，会造成二氧化碳中毒伤害，果肉中乙醇含量明显增加，风味品质改变。

(4)防止病烂 龙眼采后处在高温高湿环境条件下很容易遭受各种病原菌侵染，引起病烂。防治措施可通过降低贮运温度抑制多种病原菌的腐败活动。但其作用是暂时的，对一些嗜低温的病原菌作用微小。采用低温冻藏可长时间抑制病原菌的腐败活动。

防止病烂还可应用各种杀菌剂进行防腐处理。常用仲丁胺、噻菌灵、多菌灵、异菌脲等杀菌剂浸果或熏蒸，进行防腐处理。还可以选择抗病、耐贮品种，如泉州本、福眼等厚壳、高糖品种。

53. 不同枇杷品种的耐藏性如何?

枇杷品种很多,一般以果肉色泽可分为红肉和白肉两大类。前者的果肉颜色为橙黄色或橙红色,后者则为白色或乳白色。红肉类枇杷果皮较厚,肉质稍粗糙,耐贮运,主要栽培品种有大红袍、宝珠、山里本、梅花霞、朝宝和车本等。若以成熟期的早、中、晚划分,则以晚熟品种耐藏性较好。

54. 枇杷贮藏的适宜环境条件是什么?

枇杷果实柔软多汁,易受机械伤,是较难贮藏的果品。适宜的贮藏条件为:温度0℃、空气相对湿度90%左右,若辅以气调贮藏,温度可放宽至3℃～8℃。

55. 枇杷的采收是怎样进行的?

枇杷果实的成熟期因品种、产地不同而有差异。如浙江的枇杷,早熟品种于5月下旬成熟,中熟品种于6月上旬成熟,晚熟品种于6月下旬成熟,而福建的枇杷一般在5月上旬成熟。即使是同一产地、同一果穗上的果实,成熟也不一致,浙江产地的果农将其分为头花果、二花果和三花果。一般头花果生产期长,故果实发育充实,品质良好,供贮运的枇杷宜选用发育良好的头花果。

枇杷果实无后熟期,故应于果实着色时分批采摘,远途运输和贮藏的果实以八九成熟为宜。由于枇杷果梗短而粗,与果枝连接比较牢固,采摘时需用剪刀逐个剪取,保留的果梗宜短,剪口要平整,以免相互刺伤。枇杷果实皮薄,皮上有一层蜡粉茸毛,稍加擦碰,即受伤变色,采摘时应注意。

56. 枇杷贮藏前的防腐处理是怎样进行的?

适时采摘的鲜枇杷,在贮藏前要进行果实杀菌处理。即选用0.1%多菌灵浸果2～3分钟,或用0.1%多菌灵+0.02%2,4-D药液,混匀后浸果处理2分钟,然后捞出晾干,装入竹篓或纸箱内,篓或箱底垫碎纸,每篓或箱中装枇杷15～20千克,置于贮藏场所进行存放。

57. 枇杷贮藏保鲜技术有哪些?

枇杷的贮藏保鲜技术主要有沟藏、窖藏和塑料薄膜简易气调贮藏,分述如下。

(1)沟藏 在阴凉、高燥处挖一宽、深各1米,长10米左右的沟,沟底铺厚6～7厘米干净细湿沙,沙的湿度以手捏成团后触之即散为度。然后将枇杷果实进行防腐处理,装入果篓,每篓15千克左右,入沟贮藏,并在沟上搭一凉棚,以降低温度。在温度20℃以下,空气相对湿度85%～90%的条件下,经防腐处理的枇杷用此法可贮藏20～30天。

(2)窖藏 贮藏前将窖打扫干净,并将贮藏中使用的有关包装容器放在窖内,用40%甲醛(福尔马林)熏蒸,或以硫磺粉20克/米^{3}的标准进行熏蒸处理。24小时后打开窖门与进、出气孔。然后将经过挑选的枇杷装入包装容器,放在窖内堆码,垛的高度以4～5层为宜,垛与垛之间留有空隙。在温度低于20℃、空气相对湿度85%～90%条件下,可保鲜25天左右。如果在包装容器外面套上打孔塑料袋,效果更好。

(3)塑料薄膜简易气调贮藏 将果实进行防腐处理后,放在通风场所发汗2天,使果实蒸发掉表面的水分,然后用厚0.02毫米聚乙烯薄膜袋包装，再装入竹篓或竹筐内，在篓或筐外再套一打孔的聚乙烯袋，每个袋上打有8个直径1.5厘米的圆孔，扎紧袋口贮藏。用塑料袋简易气调结合冷藏可贮藏3个月，冷藏温度为3℃～8℃，空气相对湿度85%左右。采用塑料帐或硅窗气调技术，贮藏温度为6℃～9℃。

58. 不同杨梅品种的耐藏性如何？

我国栽培的杨梅品种较多，产地各异。以色泽可以分为粉红、深色、紫色、白色几大种类，但优良品种多为深色。其中品质优良、耐藏性较好的品种主要有荸荠种、东魁、丁岙梅、乌酥核、风欢梅、大野乌、大叶细蒂、流水头、温岭大梅、大杏杨梅、永嘉刺梅等。其中乌酥核特别适于贮运，其鲜果远销北方各大城市及东南亚各国。

59. 杨梅贮藏的适宜环境条件是什么？

杨梅果实贮藏的适宜温度为0℃～0.5℃、空气相对湿度85%～90%。

60. 杨梅的采收是怎样进行的？如何进行采后处理？

杨梅果实成熟度的高低，常以色泽判定，分黄绿色、黄橙色、红色、紫红色4个成熟度。果实适宜的采收成熟度因品种不同而有差异，荸荠种、丁岙梅等属乌梅品种群，以果实呈紫红色或紫黑色时为最佳采收期。而红杨梅品种群果实的成熟标志为：外果皮肉柱充分肥大、光亮、呈深红色或微紫色。白杨梅品种的成熟标志是:肉柱上叶绿素完全消失,呈白色水晶状或略带粉红色。

杨梅采收需待果实充分成熟时分批进行,采收时间以晴天早晚凉爽时为佳。采收装运过程要求轻拿轻放,避免一切机械伤。

杨梅果实由于其成熟时正是温湿(梅雨)季节,极易产生落果和腐烂。采后若不加任何处理,室温下贮藏的时间极短,正所谓"一日味变,二日色变,三日色味皆变",因此,杨梅采后应及时进行防腐处理。据试验,杨梅采后立即用0.1%水杨酸浸果2分钟,有利于降低果实腐烂率。

61. 杨梅果实贮藏保鲜技术有哪些?

杨梅的贮藏保鲜技术主要有低温贮藏和简易气调贮藏。方法是杨梅采收后,经选果、防腐剂洗果处理,装入竹篓,每篓1～2.5千克。置于温度0℃～0.5℃、空气相对湿度85%～90%的条件下贮藏,可以保鲜1～2周。也可将采收的杨梅经挑选、防腐处理后,置于厚0.04毫米塑料薄膜袋中,排出袋内空气,充入氮或二氧化碳气体,于温度0℃、空气相对湿度95%的条件下密封贮藏,可以较好地保持果实的品质。

62. 番木瓜采收是怎样进行的?

番木瓜后熟期间果实颜色退绿转黄,糖含量和可滴定酸含量增加,硬度降低,而维生素C和维生素A(胡萝卜素)却逐渐增加。黄熟期的番木瓜不耐贮运,而远距离运销和贮藏的番木瓜应在绿熟期采收,即果实绿色稍退、果顶处带一些微黄色,用针划破果皮,流出汁液接近透明时为采收适期。

采收最好用利刀割断果柄,轻轻将果蒂朝下放置在有衬垫的篮子里,避免擦伤。

63. 番木瓜贮藏的适宜环境条件是什么?

番木瓜贮藏的适宜温度为10℃～13℃、空气相对湿度85%～90%。

番木瓜采后在不适低温(5℃～10℃)下会发生冷害(品种之间有差异)。遭遇冷害的果实不能正常后熟或后熟速度减弱,果皮持久绿色,表面凹陷,果肉不能正常转色(转黄或转红),果肉组织内部积水,体内蔗糖停止水解。

64. 番木瓜贮藏保鲜技术有哪些?

(1)防腐防虫处理 可对采后的番木瓜进行热水和热蒸汽(杀菌剂)处理,杀灭潜伏的真菌。热水处理是将番木瓜在48℃热水中加0.05%～0.1%杀菌剂浸泡20分钟,再放入流动冷水中冷却20分钟。也可采用温度48℃、空气相对湿度100%热蒸汽下处理4小时,然后用强制冷风吹凉。对控制炭疽病和蒂腐病有显著效果。

对番木瓜果蝇可采用8～16克/米^{3}剂量的二溴化乙烯熏蒸2小时处理(保持20℃以上温度)。生产上往往与热水(热蒸汽)浸果(熏蒸)相结合进行,提高其防腐防虫效果。还可以采用27～75千拉德的γ射线进行辐射处理来进行防腐和防虫。

(2)包装运输 宜采用每一番木瓜套塑料袋再装瓦楞纸箱,果蒂朝下,用衬垫材料包装。运输、装卸时小心搬运,防止碰伤、擦伤和压伤。

(3)常温贮藏 在产地选通风良好、清洁卫生的库房做短期(1周左右)贮藏,上市前采用人工催熟;在包装箱内,放入滴上水的电石小包,使之在包装中产生乙烯催熟,经1～2天便可使果皮转黄,销售食用。

(4)低温贮藏 把经热水浸果、熏蒸或辐射处理开始转黄成熟阶段(对冷害比较不敏感)的番木瓜,包装后入冷库,在温度10℃～13℃、空气相对湿度85%～90%条件下,可贮藏20天左右。若采取减压或气调贮藏(控制氧1%～1.5%)会进一步延长贮藏期。

(5)注意事项 番木瓜采后主要微生物病害为炭疽病和蒂腐病,病菌多由伤口、果蒂裂缝侵染造成,可引起果实采后腐烂。

虫害主要是果蝇,在番木瓜果实内产卵,孵化后幼虫蛀食果肉,造成果肉穿洞,引起果实发育上产生缺陷,可使入侵的真菌菌丝和细菌在果肉内部引起水渍病斑,果肉变色。

65. 杨桃贮藏的最佳指标是什么?

杨桃贮藏的最佳指标是:温度5.5℃～6.5℃、空气相对湿度85%～90%,产生冷害的阈值是2℃,杨桃一般贮藏期50～60天。

66. 杨桃贮藏中应注意哪些问题?

(1)采收期 香蜜甜杨桃(马来西亚种)的适宜采收期为:果实色泽由浅青色变浅黄色时,相当于八九成熟。

(2)贮藏温度 杨桃在热带气候下生长,但常温(海南秋季30℃以上、冬季20℃左右)下保鲜期只有5～8天。因此,采后及时预冷、入贮对延缓衰老极为重要。不同温度下的保鲜效果不一样。据报道,杨桃最佳贮温为5.5℃～6.5℃。直到65天才出现褐变,但不软化,10℃条件下30天全部转黄,35天过熟、褐变、腐烂。

(3)失重 杨桃在直冷式冰箱中贮藏60天失重0.5%,表明尽管杨桃果皮薄,但保水力强。

(4)冷害 杨桃对低温敏感，温度低于6℃易产生冷害，2℃±0.5℃贮藏20天，冷害严重。杨桃的5条楞先变成黑褐色，之后全果变成黑褐色。

67. 火龙果的采收、包装、运输是怎样进行的?

火龙果，又叫红龙果、仙蜜果，属热带、南亚热带水果。火龙果性喜温暖潮湿，耐炎热，抗病力强。原产自中美洲，自然分布在热带雨林及沙漠地带，人工栽培遍及中美洲、越南、泰国及美国南部地区。我国早年成功引种火龙果，并在广东、广西、福建、海南和台湾地区种植。

火龙果采收时间对于果实贮藏期限和保鲜效果有很大影响。火龙果的果实生育期随季节、地理位置和品种的不同而异。在广州地区，火龙果成株后每年果期在6～12月份。谢花后26～27天，即果皮开始转红后7～10天、果顶盖口出现皱缩或轻微裂口时可开始采收。在越南，火龙果的采收时间一般为谢花后28～30天，其中，对于供出口的火龙果，须长途运输或较长时间存放，因此，最佳采收时间为谢花后25～28天;对于供应当地市场的火龙果，最佳采收时间宜为谢花后29～30天。采收时，应由果梗部分剪下并附带部分茎肉，带有果梗的果实比较耐贮藏，同时避免碰撞挤压，以免造成机械损伤。如果过迟采收，可能会引起裂果以及果皮局部颜色变黑，从而影响商品的价值。

火龙果包装一般采用果蔬专用保鲜袋，这样会使果实在常温下延长保鲜期1～2倍，口感色泽基本不变。用于产品包装的容器如塑料箱、泡沫箱、纸箱等，须按产品的大小规格设计，同一规格应大小一致、整洁、干燥、牢固、透气、美观，无污染、无异味，内壁无尖突物，无虫蛀、腐烂、霉变等，纸箱无受潮、离层现象。

在运输前应对火龙果进行预冷，运输过程中要保持适当的温度和湿度，注意防冻、防雨淋、防晒及通风散热。

68. 火龙果的贮藏保鲜是怎样进行的？

在25℃～30℃常温状态下，保鲜保质期2～3周。在1℃～10℃低温下保存，火龙果不皱褶、不失水、不过熟的保鲜期可以超过40天。在5℃低温下、空气相对湿度90%的环境中贮存可延长果实的贮藏保鲜期限。经过高锰酸钾溶液（0.2%）处理，可以延长果实贮存期限。

在采后期间内，贮藏病害主要有砖红镰刀菌、黑曲霉和黄曲霉，经过苯菌灵和氢氧化铜这两种杀菌剂的混合处理可以有效地将这些病害控制住。

69. 番石榴（西番莲）贮藏技术要点有哪些？

番石榴贮藏的最适指标是：温度5℃～10℃、空气相对湿度90%、冷害阈值＜5℃，贮藏期一般为15～20天。番石榴贮藏中的冷害症状主要表现为果肉损伤和腐烂。

70. 橄榄贮藏的技术要点有哪些？

橄榄贮藏的最适温度为5℃～10℃、空气相对湿度85%～90%、冷害阈值＜5℃，一般贮藏期为30～40天。

橄榄贮藏中应注意2点：一是衰老问题，在温度大于10℃时橄榄会很快成熟、失水萎蔫，直至衰老。二是冷害问题，橄榄的冷害症状为果肉变褐，最敏感部位为种子周围和蒂端。并且成熟度越高，冷害越严重。

71. 甘蔗贮藏的技术要点有哪些?

甘蔗贮藏的最佳温度为 0℃～1℃、空气相对湿度 90%～95%。甘蔗的贮藏期限为带皮 3～4 个月,去皮 10～20 天。

甘蔗贮藏中应注意:紫红色皮、节间短、茎粗壮、含糖量高的甘蔗耐贮;已经受冻的甘蔗,可放在 1℃～2℃条件下缓慢回温。

72. 椰子贮藏方法有哪些?

椰子为圆球形大核果,以固体胚乳椰肉和液体胚乳椰汁供食用。椰子外果皮革质化,中果皮纤维质,耐贮放。椰子采后容易生霉、失重,椰子汁容易变干,一般在室温下可贮藏 2 周时间,变化不大。若涂蜡或用聚乙烯薄膜袋单果包装,可减少失重,并防止运输中裂果。湿度太高,椰子会发霉。

椰子可冷藏,在温度 0℃～1℃、空气相对湿度 85%～90%条件下,可贮藏 1～2 个月。

六、常见瓜果产地贮藏保鲜与贮藏期病害防治技术

1. 不同西瓜品种的耐藏性如何？

西瓜的品种较多，但都以中、晚熟品种较耐贮藏，生产上栽培的耐藏品种主要有黑油皮、三白、手巾条、苏联2号、美丽、蜜宝、中育10号、丰收2号、新澄、蜜桂、浙蜜等。耐藏性较差的品种主要有早花、石红1号、湘蜜、苏蜜、中育1号、琼露等。

2. 西瓜的贮藏特点及适宜的贮藏环境条件是什么？

西瓜原产自非洲，性喜炎热，极不耐寒，瓜体大，皮厚，却不耐贮藏。西瓜的贮藏温度应根据栽培地区和贮期的长短而定。在不产生异味的前提下，贮藏温度越低，肉质风味越好，但容易出现冷害，影响外观，降低商品价值。西瓜贮藏的适宜空气相对湿度为80%～85%。西瓜对低温敏感，有的品种在低于5℃时即出现冷害，如汀育2号、旭都等，有的品种甚至在低于9℃时即出现冷害。

3. 西瓜的采收是怎样进行的？

贮藏用的西瓜要及时采收，其成熟度以八九成熟为宜。当晚熟品种开花后35天左右，瓜果附近几节卷须开始萎蔫，瓜柄茸毛开始脱落，瓜皮光滑发亮，用手指弹瓜发生浊音时，说明瓜已成熟。贮藏用的瓜，宜在此之前2～3天采收。

采前一周应停止灌水。清晨采收有利于贮藏，切忌在烈日下、气温高时采收。采摘时要轻拿轻放，防止外伤和内伤。采下的瓜要及时运走，来不及运的要放在阴凉处。

4. 西瓜如何进行贮前防腐处理？

用于西瓜防腐的方法主要有以下几种：一是用三乙膦酸铝，按每千克西瓜0.1～0.2毫升的用量以棉球或吸水纸吸附，分散置于西瓜的四周，用塑料薄膜密闭熏蒸24小时。二是用100克京-2B＋30毫升仲丁胺熏果剂，再加830毫升水，配成洗果药液，浸果30～40秒。三是用仲丁胺浸果剂，按每千克用40毫升的量浸果30～40秒。四是用山梨酸衍生物，按每千克瓜用量0.07毫升，熏蒸24小时。五是用百菌清烟雾剂，用量为4克/米^3，该药剂系由中国农业科学院蔬菜花卉研究所和北京理工大学化工系共同研制而成。防霉效果以三乙膦酸铝最明显，京-2B＋仲丁胺次之，仲丁胺第三，而山梨酸和百菌清效果一般。

5. 西瓜的贮藏保鲜技术有哪些？

(1)短期贮藏 此法多用于城市零售市场。在批量西瓜到达后，立即将其挑选分级，分清生熟、好次。熟瓜和次瓜立即销售。成熟度较低的瓜可作短暂贮藏，陆续销售。贮存场地最好是泥土地面，其次为地板、水泥地面，且阴凉通风。先在地面上铺厚5～10厘米的麦秸，然后在麦秸上堆放西瓜，一般以3层为宜，或搭架摆放。堆放时注意保持田间生长状态，即“瓜背”(原来向阳的一面)向上，“瓜肚”(原来接触地面的部分)朝下，存放期间勤翻堆检查，及时拣出熟瓜和次瓜，清理病瓜、烂瓜。

(2)堆藏 选择八成熟的西瓜进行堆藏。在采前2～5天喷布

0.1%多菌灵或托布津溶液进行消毒。早晨用剪刀或小刀自果柄1～2厘米处割下,随即用0.002%～0.003% 2,4-D溶液涂瓜蒂,防止干枯脱落,及时运至贮藏场所。伤瓜、病瓜、成熟度超过要求标准的瓜均不能入贮。

贮藏库、窖要事先打扫清洁,并用3%～5%石灰水喷洒消毒,地面铺厚5～10厘米的干沙。入贮的瓜在沙上堆放2～3层,太厚会压伤。入贮后,门窗敞开通气1～2天,然后关闭,保持库、窖内温度冷凉稳定,以8℃～10℃为宜。要严防鼠害。温度高、湿度大时,可早、晚开窗通风换气,及时拣出烂瓜并用石灰水消毒,这样可贮藏25～35天。也可在入贮时先用5%食盐水擦洗瓜面,以后每隔10天检查并同样擦瓜面一次防腐,发现西瓜瓜面有疤或腐烂的,要及时拣出,这样可贮至年底。

(3)沙藏 选择干净、通风、凉爽的房屋,地面铺厚7～10厘米的细河沙。在阴天或晴天的傍晚采收七成熟的西瓜,要求无损伤、无病虫害,瓜形正常。每个西瓜留3个蔓节,保留瓜蒂附近2～3片绿叶,将瓜蔓剪断后,当即用洁净的草木灰糊住截断面。将瓜及时运至库房,一个个摆放在细沙上,并加盖细河沙,厚度以盖过瓜3～5厘米为宜,所留绿叶必须露出沙面,这样有利于制造养分,保瓜增熟。然后用磷酸二氢钾100克对水50升制成水溶液,喷洒叶面。以后每隔10天喷洒1次,保持叶片青绿。当日采收的瓜当日贮藏,不藏隔夜瓜。这种方法保存的西瓜一个半月仍全部完好,并能保持品种特色、风味和营养。在贮前用0.1%甲基硫菌灵洗瓜,晾干后再摆放,贮藏效果会更好。

(4)西瓜蔓汁处理贮藏 选择晚熟耐贮品种,成熟度以七八成熟为宜,去除带有病斑和外伤的瓜,采摘时保留一段瓜蔓,从采摘至入贮越快越好。贮前先将新鲜的西瓜蔓研磨出汁,用滤纸或干净纱布将其过滤后,稀释300～500倍。用此液喷洒西瓜外表,使瓜面全湿而不流液为止。稍干后用包装纸(牛皮纸、旧报纸均可)

将西瓜包卷好，将纸卷两端封严，置凉爽通风而不过分潮湿的地方存放。瓜堆不要太高，3 层为宜，以防压伤。贮藏期间防止高温、阳光直射和温度大幅度变化。每隔一段时间翻检 1 次，拣出瓜顶变软、有霉烂的瓜，及时处理。

(5)塑料薄膜袋简易气调贮藏 在贮藏窖中使用塑料薄膜袋包装贮藏，效果较好。方法是在贮藏的第一个月保持窖内温度15℃～18℃，第二个月 9℃～15℃，以后保持温度 4℃左右。用稀释 4 倍的虫胶涂料抹瓜处理，并用厚 0.04 毫米的聚乙烯薄膜袋套上，每袋 2 个瓜，内放硅胶 2 小包以吸收因降温而凝结的水分，密封袋口贮藏，10 天后袋内既无水珠也无腐烂。薄膜袋内保持二氧化碳 2%、氧 10%。无籽西瓜贮藏 100 天后检查，均无空心和裂瓤现象。

6. 西瓜长途运输应注意哪些问题?

西瓜在装卸和运输过程中切忌颠簸、振动和挤压。通常西瓜给人们造成一个错觉，似乎个大坚硬，很耐搬运和挤压。其实不然，试验表明，在大多数果品中，西瓜是最不耐碰撞和搬动的果实之一。经过各种方式运输过的西瓜，其耐藏性往往不如收获后不经运输就地存放的西瓜。经过振动和挤压的西瓜，当时无明显伤害，但会造成表面上难以发现的内伤。在贮藏过程中，这种受内伤的瓜极易腐烂。因此，西瓜最好能实行产地贮藏，减少长途运输。

7. 如何防治西瓜炭疽病?

西瓜炭疽病在田间就可发生，贮运期常危害加重，是西瓜贮运期的主要病害。

(1)危害症状 西瓜叶、蔓、果均可发病。果实受害，初为暗绿色油渍状小斑点，后扩大成圆形、暗褐色、稍凹陷，凹陷处常裂开。空气湿度大时，病斑上长橘红色黏状物，严重时病斑连片，西瓜腐烂。

(2)防治措施　一是品种间抗病性差异显著，可选用抗病品种。二是选用无病种子，或进行种子消毒。55℃温水浸种 15 分钟后冷却。三是采用配方施肥，增强瓜株抗病力，施用充分熟腐的有机肥。四是选择沙质土，注意平整土地，防止积水，雨后及时排水，合理密植，及时清除田间杂草。五是保护地栽培的西瓜，可采用烟雾法或粉尘法施肥。六是药剂防治。保护地和露地在发病初期喷洒 50％甲基硫菌灵可湿性粉剂 800 倍液＋75％百菌清可湿性粉剂 800 倍液，或 50％多菌灵可湿性粉剂 800 倍液＋75％百菌清可湿性粉剂 800 倍液混合喷洒。此外，还可选用 36％甲基硫菌灵悬浮剂 500 倍液、80％炭疽福美可湿性粉剂 800 倍液、2％嘧啶核苷类抗菌素（农抗 120）水剂 200 倍液、2％武夷菌素（BO-10）水剂 150 倍液，隔 7～10 天喷 1 次，连续防治 2～3 次。七是采后以三乙膦酸铝 0.1 毫升/千克熏蒸西瓜，控制贮温 10℃～12℃，空气相对湿度在 60％以下。

8. 如何防治西瓜疫病？

(1)危害症状　果实染病，形成暗绿色圆形水浸状凹陷斑，后迅速扩及全果，致果实腐烂，发出青贮饲料的气味，病部表面密生白色菌丝，病健部边缘无明显病症。

(2)防治措施

①田间管理　选择排水良好田块，采用深沟或高垄种植，雨后及时排水。

②药剂处理　发病初期喷洒 50％甲霜·铜可湿性粉剂 700～800 倍液，或 35％瑞毒唑铜可湿性粉剂 800 倍液，或 60％三乙膦

酸铝可湿性粉剂500倍液，隔7～10天喷1次，连续防治3～4次。

③其他　在瓜蔓和瓜下铺一层草，或在瓜下垫衬薄泡沫板，可减轻发病。

9. 哈密瓜的采收是怎样进行的？

哈密瓜有后熟作用，用于贮藏的瓜要选择耐藏品种。一般晚熟品种较耐贮藏，它的瓜皮坚韧，具有弹性，肉质致密，瓜面光滑，有蜡质层。用作贮藏的瓜，平时就应控制灌水量，早停水可提高瓜的耐藏性。

要掌握适宜的采收期，可以适当提早采摘。一般在正常采收期前6～8天、八九成熟时采收。采摘时要轻拿轻放，不要擦伤瓜皮。凡瓜皮擦伤、碰伤的一概不能贮藏。瓜采下后，就地晾晒1～2天。

10. 哈密瓜如何进行贮前处理？

哈密瓜在贮藏之前需进行灭菌消毒，或用虫胶涂瓜，可取得很好的效果。灭菌消毒方法有：一是温水浸瓜。用55℃～60℃（不能超过62℃）的水浸瓜1分钟。二是药剂灭菌。用0.2%次氯酸钙或0.1%噻菌灵、苯菌灵、多菌灵、托布津，或0.05%抑霉唑等浸瓜0.5～1分钟。

11. 哈密瓜的贮藏保鲜技术有哪些？

(1)地窖贮藏　选择晚熟品种的瓜，经预冷后放入地窖内，利用分层隔板放置贮藏，每层隔板只摆1层瓜，定期翻瓜，防止瓜与木板接触处腐烂。入窖初期，窖的门窗和通气孔全部打开，以后随气温下降，可在窖门附近放一碗清水，当水刚出现冰碴时，即关闭窖门和通气孔，使窖温保持在2℃～4℃，空气相对湿度保持在85％左右。

另外，可采用地窖吊藏的方法。具体操作是从窖内一排排相距50厘米的横梁上系长1.5～2米的粗麻绳或布带，每三根为1组。绳或布带每50厘米打一个死结。瓜就放在这三根绳或布带打结后形成的兜内，瓜柄向上。挂后每7～15天检查1次，除去瓜顶变软的瓜。

(2)涂覆贮藏 用0.1％托布津、苯并噻唑44号浸瓜2～3分钟，捞出晾干，再用稀释4倍的1号虫胶涂料涂抹瓜面，使瓜表面形成一层半透膜，以减少水分蒸发，并降低呼吸。晾干后装入包装箱，放入贮藏场所存放。贮存的环境条件要求温度2℃～3℃、空气相对湿度80％～85％。

(3)简易气调贮藏 气体指标是氧3％～5％、二氧化碳1％～1.5％，空气相对湿度80％，温度控制在3℃～4℃。生产上多使用聚乙烯薄膜袋简易气调贮藏，一般是向袋内充入氮气，以稀释袋内的氧气含量，二氧化碳则靠哈密瓜的呼吸来提高浓度，注意不要使二氧化碳浓度过高。

12. 如何防治甜瓜、白兰瓜、哈密瓜红粉病？

(1)危害症状 该病常发生在贮藏前期。果面病斑圆形或不规则形，淡褐色，边缘不明显，病斑上初生白色，后呈橙红色的霉状物，即病原菌的子实体。病斑下果肉发苦，不堪食用。

(2)防治措施

①采收不宜过晚 尽量防止果实碰伤、擦伤、压伤。采收时最好用剪或刀，避免用手拉拖造成伤口。

②维持适宜的贮藏环境 贮库应保持在白兰瓜5℃～8℃，哈

密瓜6℃～10℃，空气相对湿度低于80%，并注意通风换气，定期翻瓜检查。

③贮前消毒处理　贮运前用750毫克/千克抑霉唑浸瓜0.5分钟，结合冷藏，效果较好。

13. 如何防治甜瓜、白兰瓜、哈密瓜白霉病？

甜瓜白霉病又称镰刀菌果腐病，多在贮运期发病，在甜瓜类中，以白兰瓜、哈密瓜易受害。

(1)危害症状　该病多先在果柄处发生。病斑圆形，稍凹陷，淡褐色，直径10～23毫米，后期周围常呈水浸状，病部可稍开裂，裂口处长出病原菌白色茸状子实体和菌丝体，后往往呈粉红色，有时产生橙红色的黏质小粒，即病原菌的分生孢子座。病果肉海绵状，甜味变淡，不久转紫红色，果肉发苦，不堪食用，但扩展速度较慢。

(2)防治措施　参考甜瓜、白兰瓜、哈密瓜红粉病。

七、主要干果产地贮藏保鲜与贮藏期病害防治技术

1. 板栗品种与耐藏性有什么关系?

由于地理环境、栽培条件及气候的影响,板栗有明显的区域性,大体可分为北方栗和南方栗。前者如河北产的红皮油栗、大明栗,北京产的虎爪栗,山东产的红光栗、红栗,陕西产的明拣栗,河南产的紫油栗、猪腰栗等;后者主要有江苏产的九家栗、青扎、焦扎、处暑红,浙江产的魁栗,安徽产的迟栗子等。一般中、晚熟品种(9月中下旬以后成熟)较耐贮藏,而且北方栗较南方栗耐藏性好。北方栗多小型栗,甜、香、糯等风味特性强,主要用于鲜炒食,如糖炒栗子等,南方栗多大型栗,风味差,主要用于加工和菜用。

2. 板栗贮藏的适宜环境条件是什么?

板栗贮藏的适宜环境条件一般是:温度－2.5℃～0℃,空气相对湿度90%～95%,气体条件氧3%～5%、二氧化碳1%～4%。

3. 板栗的采收是怎样进行的?

板栗成熟的标志是:栗苞呈黄(褐)色,苞口开始开裂,种子呈棕褐色、赤褐色或枣红色。就全树来讲,当1/3栗苞开裂时为最适采收期。采收过早,栗子不成熟,水分含量高,品质差,不耐贮藏,加之种仁柔嫩,气温又高,容易产生变质霉烂;采收过晚,则落果脱

粒严重，收获费工。

板栗的采收应注意选择连晴数日后进行，雨天、雨后初晴或晨露未干时采收的栗子都容易腐烂。采收的方法有2种：一是待栗子总苞成熟后自然开裂，种子落地后拾取。此法所得的栗子发育良好，组织充实，风味好，耐贮藏，唯采收时间持续较长。二是打落法，即待树上有约1/3栗苞由青转黄略呈开裂时，用竹竿一次全部打落，堆放数天，待大部分栗苞开裂后取出栗子。此法采收集中，节省劳力，只是要注意掌握适宜的采收期。

4. 板栗的贮前工作是如何进行的？

板栗的贮前工作主要有防腐防霉处理、防发芽处理和防虫处理。

(1)防腐防霉处理 一是采后预冷，使果温尽快降至5℃以下。二是采后用0.05% 2,4-D+托布津500倍液浸果3分钟，可以减少腐烂。三是采后用2,4-D熏蒸，每25千克栗果用药10克。四是加放松针，即在沙藏或冷藏袋中放一定量的松针，对霉菌有一定的抑制作用。

(2)防发芽处理 板栗是一种需低温层积的种子。一般0℃条件下30天层积则完成其种子的后熟(休眠)过程，当温、湿度适宜时则能萌发(发芽)。板栗发芽一般在翌年3～4月份进入旺盛时期，北方栗较南方栗更易发芽。发芽期栗果呼吸强度增大，酶活性增强，淀粉水解，糖分增加。发芽后的板栗品质下降，这是影响板栗长期贮藏的主要因素之一。防止栗果发芽的措施有以下几点。

①辐射(γ射线)处理 在采后50～60天用γ射线7.74库/千克照射。

②药剂处理 采用0.1% 2,4-D、0.001% B_9、0.1%青鲜素或

0.1%萘乙酸浸果，均可抑制板栗的发芽。

③盐水处理　在采后30～50天板栗将要发芽时，用2%食盐+2%纯碱(碳酸钠)的混合水溶液浸果1分钟，捞出后不必阴干，即装筐或装入麻袋中，并加入一些松针，可抑制发芽。

④高二氧化碳处理　采后用高二氧化碳处理，即-2℃下用3%～7%二氧化碳处理10天，或2℃下用3%二氧化碳处理30天，均可抑制发芽。高二氧化碳采后处理越及时，效果越好。上述各种处理在板栗刚采收和休眠期中进行，效果更明显，当板栗已结束休眠、进入萌芽期(翌年3～4月份)后，抑制发芽的效果大大降低。

⑤低温处理　生产上可以在萌芽期采用-3℃～-4℃的低温处理5～15天，随后恒温于-2℃～0℃条件下贮藏，能有效地抑制板栗的大量发芽。

(3)防虫处理　板栗贮藏中常因栗实象鼻虫等虫蛀伤而引起腐烂。生产上一般可采用溴甲烷熏蒸，用量为40～60克/米^3，处理时间为3.5～10小时。也可用磷化铝熏蒸2～3天，磷化铝用量为12克/米^3。用二氧化硫(50克/米^3)密闭处理18～24小时，也有一定的杀虫效果。

5. 板栗贮藏保鲜技术有哪些?

(1)带苞贮藏　生产上为避开农忙，省工省力，常进行带苞贮藏，南北产地均可采用。

选通风干燥的室内空地或排水良好的露地，先铺一层厚10厘米的河沙，再将栗苞堆于其上，堆高1米为宜。堆面上覆盖一层栗壳、玉米秸等，堆后注意勤检查。南方着重防沤腐烂，北方则注意防干、防晒及防冻。过于干燥时可以泼适量清水，使之保持一定的湿度。此法简易省工，贮期较长，北方可贮至翌年3～4月份，南方可贮至年底。经贮后栗子新鲜，种仁不变质。缺点是栗子易发芽，且有利于象鼻虫活动及为害。

(2)河沙、锯末混藏 湖南邵阳地区在阴凉通风、不进阳光、可控制空气流通的水泥地面仓库内，用木屑、河沙混合作填充物贮藏板栗，效果较好。其做法是：板栗与河沙、锯末以 1∶3～4 的比例混合堆放。贮藏分 3 个时期，从总苞采收至 11 月中旬为前期，主要做好栗果的后熟、散热发汗和预贮；11 月中旬至翌年 2 月初为中期，通过逐渐关闭门窗和室内定期喷水，使室内保持 90% 的空气相对湿度，防止板栗脱水失重；2 月初至 4 月中旬为贮藏后期，适当降低填充物的湿度，并继续覆盖和保持室内空气湿度，防止栗果吸水发芽和脱水、干燥、变质。

通过上述管理，可有效地解决栗果贮藏保鲜中的腐烂、失水、发芽 3 个技术问题。

(3)地面沙藏 板栗沙藏是我国各地常用的方法之一。河北迁安栗农的经验是将栗果经水漂洗，挑出浮漂栗后进行湿沙堆藏。方法是选一平坦通风地段，上用苇席等搭棚遮阴，在其下面用不带泥土的沙粒按 1 份栗果 2 份沙的比例堆贮，一层栗一层沙，不要使栗果外露，每层栗果不超过 10 厘米，最后整个堆面盖一层面沙。沙子的湿度以手握成团，松开时刚好散开为宜。堆藏 1 周左右适量喷 1 次水，喷水数量和次数要视沙堆的湿度酌情而定。喷水过多，底层果易变黑，喷水太少，上层栗果易风干。

在江浙等地采用室内沙藏。方法是选地势高燥、通风良好的空屋(以土质地面为宜)，采用层沙层果的湿沙贮藏法，沙要湿润不流水为宜。底层沙厚 15 厘米，其上放栗果一层，再盖沙厚 3～5 厘米，放栗果一层，以此类推堆高 60 厘米左右，宽度不超过 2 米，上面再盖湿沙 15 厘米左右。以后每隔 20～30 天翻动检查 1 次。

(4)民间混粮贮藏 河北青龙县的果农在家庭贮藏时多采用此法。方法是将栗苞收获后，堆放 6～7 天风干，待栗苞延期开裂后用齿耙揉搓，扒去栗苞，脱出栗果，将其与豆类或小麦混合装入粮柜或仓库贮藏，可贮至翌年4～5月份。板栗既不生虫，也不变质。

(5)民间清水浸洗架藏 在阴凉通风的房间内，将经过清水浸洗的板栗用竹篓装好，分层堆放在贮藏架上，架子外面用塑料薄膜覆罩。架藏前将板栗摊放在室内散热2～3天，经常翻动，发汗失重率以8%为宜。贮藏的板栗要筛选一次，尽可能将那些过小、过嫩、虫蛀、破伤的板栗剔除。装篓后，连篓放入清水中浸洗，稍滤一下水即可放在贮藏架上。以后每隔7、10、15、20天浸洗1次，在近2个月的时间内共浸洗5次，每次浸洗2分钟，浸洗时要将浮在水面上的板栗捞出。

贮藏期间，每隔一定时间揭膜1次。第一个月为板栗贮存的危险期，霉烂率高，要多加注意。贮藏的第一周全天揭膜，以后隔1～2天揭1次，1个月后4～5天揭1次。12月份以后气温下降，板栗进入休眠状态，霉烂率低，可隔10天揭膜1次。揭膜时间在下午，每次2～4小时。

(6)利用醋酸或盐水处理贮藏 用1%醋酸液浸果1次，装入竹篓，篓底撒一些新鲜松针，然后用薄膜覆盖贮藏。入贮后第一个月每周浸洗1次，以后每月浸洗1次。用此法可使板栗贮藏140天，好果率90%以上。若继续贮藏，则用2%盐水+2%纯碱调成盐碱水浸泡1次，可使贮藏期再延长1个月左右。

(7)液膜贮藏 选择耐藏性较好的品种适时采收、脱粒，并经1个月左右小堆（堆高不超过1米）发汗散热处理后，用托布津或多菌灵500倍液浸洗消毒，阴干后用虫胶4号、虫胶6号或虫胶20号涂料原液加水2倍，搅拌均匀后浸果5秒左右捞出，晾干后用箱、筐包装，置于贮藏库中。在常温条件下，每10天检查1次，及时剔除坏果，经100天贮藏后好果率达85%以上。若贮于0℃～3℃的低温条件下，好果率可达90%以上。

(8)沟藏 在排水良好的地方,挖宽1米、深0.6米的沟,沟的长度依贮藏量而定。沟底铺一层湿沙,其上放一层栗子,如此堆码,每层沙和栗子厚5厘米左右。每隔1～1.5米竖立一秫秸捆,以利于通风。在封冻前,沟上用土培成屋脊状。

也可先将采后的栗果用湿沙搅拌,放在室内堆起来,即假藏。于11月中下旬将假藏的栗果转移到室外沟内,进行贮藏。

(9)利用塑料薄膜袋贮藏 刚采收的新鲜板栗呼吸强度大,释放的呼吸热多,不宜立即装袋贮藏。通常采用微湿沙混合栗果贮藏,1个月后再改用薄膜袋贮藏。为防止发霉,装袋前要洗果,并用甲基硫菌灵500倍液浸果10分钟,晾干后装袋。薄膜袋厚0.05毫米,大小以装25千克为宜,袋上打孔或不打孔,打孔时即在袋的两侧各打直径为1厘米的小孔,如用不打孔的袋,则应不定期的打开袋口,以便通风换气,尤其在气温高、湿度大时更应注意。应用此法,可使霉烂率、发芽率、失重率降低。

(10)冷库贮藏 目前,冷藏板栗采用的温度为－2℃～－1℃,适宜的空气相对湿度为95%左右。刚采收的栗果应迅速降低温度,一般用串包(即从一个袋倒入另一袋中)的方法降温较快。

①**堆码方法** 地面上先垫一层枕木,然后一层麻袋一层枕木,使上下麻袋之间隔开以利于通风,防止包内发热。堆码高度以3～6袋为宜。

②**加湿方法** 挂湿草帘或地面洒水,也可直接向麻袋上喷洒适量的水。

如果板栗采用箱装冷藏,箱内衬1层塑料薄膜,效果更好。

(11)硅窗气调贮藏 板栗经预贮散热后,剔除烂果、虫害果及破碎粒。将栗果放入清水中清洗,捞去漂浮的劣质果,取出晾干后,用甲基硫菌灵500倍液浸泡3分钟。用100厘米×80厘米的聚乙烯做成保鲜袋,袋子中部镶嵌硅橡胶膜作为透气窗口,膜厚0.08毫米,硅窗面积85厘米^2,每袋贮藏量25千克左右。装好后将袋子放入适宜的低温环境中贮藏。

6. 板栗霉烂是怎么回事?

板栗霉烂主要与品种的抗病性、采收成熟度和环境条件密切相关。其原因是黑根霉菌和毛霉菌侵染而引起。防治措施为适时采收,使栗果充分成熟,其抗病性明显提高;采后用500千克/千克2,4-D+200毫克/千克托布津药剂浸果3分钟,或用1～10戈瑞剂量γ射线辐照处理均能有效抑制霉烂;适当降低湿度,创造适宜的低温环境,采用架藏等方式,可降低栗果呼吸,延缓其代谢;在沙藏、筐架藏和冷藏袋中放一定量的松针,对霉菌有一定的抑制作用;将刚采收的板栗进行快速降温,使果温降至5℃以下,不仅能抑制霉菌发生,减少霉烂,而且能够延长贮期。

7. 核桃的采收是怎样进行的?

采收是影响核桃品质和耐藏性的重要因素。用于贮藏的核桃需在充分成熟时采收。采收过早果皮不易剥离,含油脂低,出仁率低且不耐贮藏。采收过迟则易落果,如不及时拾起容易发生霉烂。只有适时采收的核桃果皮薄,种仁饱满,耐藏性好。

核桃成熟的标志是:果皮由青转黄,顶部出现裂缝,总苞自然开裂,容易剥离。种仁硬化,幼胚成熟。核壳坚硬,呈黄白色或棕色。发育时间北方一般120天左右,南方170天左右。当全树80%成熟时为核桃的最适采收期。具体采收时间因气候、产地条件及单株而有差异,一般阳坡早于阴坡,低山早于高山,干旱年份早于多雨年份。

8. 如何进行核桃的脱青皮与漂洗处理？

(1)核桃的脱青皮处理　核桃脱除外层的青皮，一般有以下 2 种方法。

①*堆沤脱皮法*　堆沤脱皮法是我国传统的核桃脱皮方法。其技术要点是果实采收后及时运到室外阴凉处或室内，切忌在阳光下暴晒，然后按 50 厘米左右的厚度堆成堆(堆积过厚易腐烂)。若在果堆上加一层厚 10 厘米左右的干草或干树叶，则可提高堆内温度，促进果实后熟，加快脱皮速度。一般堆沤 3～5 天，当青果皮离壳或开裂达 50%以上时，即可用棍敲击脱皮。对未脱皮者可再堆沤数日，直到全部脱皮为止。堆沤时切勿使青果皮变黑，甚至腐烂，以免污液渗入壳内污染种仁，降低坚果品质和商品价值。

②*药剂脱皮法*　由于堆沤脱皮法脱皮时间长，工作效率低，果实污染率高，对坚果商品质量影响较大，所以，自 20 世纪 70 年代以来，一些单位开始研究利用乙烯利催熟脱皮技术，并取得了成功。其具体做法是果实采收后，在浓度为 0.3%～0.5%乙烯利溶液中浸蘸约半分钟，再按 50 厘米左右的厚度堆在阴凉处或室内，在温度为 30℃、空气相对湿度 80%～95%条件下，经 5 天左右，离皮率可高达 95%以上。若果堆上加盖一层厚 10 厘米左右的干草，2 天左右即可离皮。据测定，此法的一级果比例比堆沤法高 52%，核仁变质率下降至 1.3%，缩短脱皮时间 5～6 天，且果面洁净美观。乙烯利催熟时间长短和用药浓度大小与果实成熟度有关，果实成熟度高，用药浓度低，催熟时间短。

(2)核桃的漂洗处理　核桃脱青皮后，如果坚果作为商品出售，应先进行洗涤，清除坚果表面残留的烂皮、泥土和其他污染物，然后再进行漂白处理，以提高坚果的外观品质和商品价值。洗涤的方法是将脱皮的坚果装筐，把筐放在水池中，或放在流动水中，用竹扫帚搅洗。在水池中洗涤时，应及时换清水，每次洗涤5分钟左右，洗涤时间不宜过长，以免脏水渗入壳内污染核仁。如不需漂白，即可将洗好的坚果摊放在席箔上晾晒。除人工洗涤外，也可用机械洗涤，其工效较人工清洗高3～4倍，成品率高10%左右。

9. 核桃贮藏的适宜环境条件是什么？

核桃贮藏的适宜环境一般是：温度5℃左右，空气相对湿度50%～60%。

10. 核桃的贮藏保鲜技术有哪些？

核桃的贮藏保鲜措施主要有湿藏、干藏和塑料薄膜包装贮藏。

(1)湿藏 在地势高燥、排水良好、背阴避风处挖一条深1米、宽1～1.5米、长度随贮量而定的沟。沟底先铺一层厚10厘米左右的洁净湿沙，沙的湿度以手捏成团但不出水为度。然后一层核桃一层沙，沟壁与核桃之间以湿沙充填，不留空隙。铺至距沟口20厘米左右时，再盖湿沙与地面相平，沙上培土呈屋脊形，其跨度大于沟的宽度。沟的四周开排水沟，避免雨水渗入太多，造成湿度过高，易使核桃霉烂。沟长超过2米时，在贮核桃时应每隔2米竖一把扎紧的稻草作通气孔用，草把高度以露出"屋脊"为度。"屋脊"的培土厚度随天气而变化，冬季寒冷地区要培得厚些。

(2)干藏 将脱去青皮的核桃置于干燥通风处阴干，晾至坚果的隔膜一折即断、种皮与种仁不易分离、种仁颜色内外一致时，便可贮藏。将干燥的核桃装在麻袋中，放在通风、阴凉、光线不直接射到的房内。贮藏期间要防止鼠害、霉烂和发热等现象的发生。

(3)塑料薄膜包装贮藏 将适时采收并处理后的核桃装袋后堆成垛，贮放在低温场所，然后用塑料薄膜大帐罩起来，把二氧化碳气体充入帐内(充氮也可),以降低氧气浓度。贮藏初期二氧化碳的含量可适当高些,达到50%,以后保持20%左右,氧气在2%左右,既可防止种仁脂肪氧化变质,避免风味哈败使品质下降,又能起到防止核桃发霉和生虫的作用。使用塑料帐密封贮藏应在温度低、干燥季节进行,以便保持帐内较低的湿度。

在南方,秋末冬初,气温尚高,空气湿度也大。核桃收后贮藏就可进帐。注意加吸湿剂、降低温度。最好在通风库或冷库中进行大帐贮藏。

用聚乙烯薄膜袋包装、密封,在0℃～1℃条件下贮藏效果较好。

11. 核桃晾晒与干制处理是怎样进行的?

核桃晾晒与干制处理有以下2种方法。

(1)自然晾晒干制 核桃坚果漂洗后,不可在阳光下暴晒,以免核壳破裂、核仁变质。洗好的坚果应先在竹箔或高粱秸箔上阴干半天,待大部分水分蒸发后再摊放在芦席或竹箔上晾晒。坚果摊放厚度不应超过两层果,过厚容易发热,使核仁变质,也不易干燥。晾晒时要经常翻动,以免种仁背光面变为黄色。注意避免雨淋和晚上受潮。一般经5～7天即可晾干。判断干燥的标准是,坚果碰敲声音脆响,横隔膜易于用手搓碎,种仁皮色由乳白变为淡黄褐色,种仁含水量不超过8%。晾晒过度,种仁会出油,同样降低品质。

(2)人工干制处理 与自然晾晒干制比较,人工干制的设备及安装费用较高,操作技术比较复杂,因而成本也较高。但是,人工干制具有自然干制不可比拟的优越性。

人工干制设备要具有良好的加热装置和保温设备,以保证干制时所需的较高而均匀的温度;要有良好的通风设备,以及时排除原料蒸发的水分;要有较好的卫生条件和劳动条件,以避免产品污染并便于操作管理。

目前,我国的人工干燥设备一般按烘干时的热作用方式,分为借热空气加热的对流式干燥设备、借热辐射加热的热辐射式干燥设备和借电磁感应加热的感应式干燥设备 3 类。此外,还有间歇式烘干室和连续式通道烘干室及低温干燥室和高温烘干室之别。所用载热体有蒸汽、热水、电能、烟道气等。间歇式烘干室以采用蒸汽,电能加热较为普遍,连续式通道烘干室则多数采用红外线加热。生产上使用较多的是烘燥和烘房,是以炉灶加热、借空气的对流完成热传导的。

12. 枣品种与耐藏性的关系如何?

鲜枣的耐藏性因品种不同差异较大。一般来说,晚熟品种比早熟品种耐贮,干鲜兼用品种比鲜食品种耐贮,小果品种比大果品种耐贮,抗裂果品种比易裂果品种耐贮。山西的枣品种中,襄汾圆枣、太谷葫芦枣、临汾团枣和蛤蟆枣耐藏性最强,郎枣、骏枣、橘山圆枣最差,屯屯枣、相枣、坠子枣居中。在河北、北京地区,西峰山小枣和西峰山小牙枣最耐贮,其次有北车英小枣、苏子峪小枣、长辛店脆枣和金丝小枣,婆枣和斑枣最不耐贮。

13. 枣果的采收是怎样进行的?

枣的成熟期各地不一,一般多在 9 月份成熟。枣成熟过程中色泽由绿变白,渐红,可分为两个大的阶段。果面绿色渐退,变为白色至微红色,味甜质脆,为脆熟期,鲜食、贮藏枣果均在此阶段采收。此后,果皮转红,果肉糖分提高,水分减少,为完熟期,此期采收一般用于干制。

用于贮藏的鲜枣，应选晴天上午露水干后，人工仔细采摘最好。为了提高鲜枣的耐藏性，在采前半个月对树冠及枣果喷洒0.2%氯化钙溶液，还可喷高脂膜150倍液、托布津或过碳酸钠1 000倍液，可防止霉菌感染。

14. 鲜枣贮藏的适宜环境条件是什么？

枣果实的冰点比一般水果低，在－5℃左右。因此，鲜枣贮藏的适宜环境条件一般是：温度为－1℃～－3℃，气调贮藏时以0℃为宜，空气相对湿度要求达到95%。

15. 鲜枣的贮藏技术有哪些？

鲜枣的贮藏技术主要有自发气调贮藏、常温湿沙贮藏、低温贮藏等。

(1)自发气调贮藏 鲜枣的自发气调贮藏适合于我国的西北地区。方法是选用厚0.07毫米聚乙烯薄膜，制成70厘米×50厘米的塑料袋，每袋装经过挑选的鲜枣10～15千克，装枣时注意轻倒轻放，不要碰破，装好后随即封口。封口可用绳子扎紧，也可用熨斗热合，以热合密封包装的贮藏效果较好。

鲜枣装袋后，贮放在阴凉的凉棚内。塑料薄膜袋依次放在离地60～70厘米高的搁板上。每隔4～5袋，留出通风人行道。贮藏初期要注意散热，棚内温度越低越好，不使鲜枣高温发酵。冬季气温降至0℃以后，枣子不会冻坏。贮藏过程中要注意防止鼠害。

鲜枣贮藏的病害主要是高温、高氧引起的发酵、生霉。降低温度与氧的浓度，可抑制变质和腐败。

(2)常温湿沙贮藏 挑选半红的无伤鲜枣，在阴凉潮湿处铺厚3～5厘米的湿沙，上放一层鲜枣(1个枣的厚度)再铺一层湿沙，然后再放第二层鲜枣，如此堆高至30厘米左右。为防止沙子干燥，可用少量清水补充湿度。如此可贮存1个月以上，枣果鲜嫩脆甜。

(3)低温贮藏 枣果于脆熟期无伤采摘，置于温度0℃、空气相对湿度97%以上条件下贮藏。耐藏品种的枣，如蛤蟆枣、团枣和圆枣等，可贮藏60～90天，好果率90%～95%。

16. 不同柿果品种的耐藏性如何？

柿果各品种间的耐藏性差异较大。一般表现为晚熟品种比早熟品种耐贮藏；含水量低的品种比含水量高的品种耐贮藏；同一品种，采收晚的比采收早的耐贮藏。因此，贮藏时首先要选择耐贮品种，其次要适当晚采，一般贮藏的柿果在9月下旬至10月上旬采摘。我国太行山、燕山一带的大磨盘柿、莲花柿，山东省的牛心柿、镜面柿，陕西省的火罐柿、鸡心柿等，都属于耐藏品种。贮藏用柿采摘时必须注意每个果实要保留果柄和萼片，并尽量减少机械伤。

17. 柿果贮藏的适宜环境条件是什么？

柿果贮藏有2种形式，一是硬柿，即柿果脱涩后仍保持硬脆的质地；二是软化柿，即柿果脱涩后完全软化。贮藏果应为硬柿，其贮藏条件是：温度－1℃～0℃，空气相对湿度85%～90%，气调贮藏时的气体条件是氧2%～5%、二氧化碳3%～8%。

18. 如何确定柿果的采收期？

柿果的采收期因地区和品种而不同，同一地区和同一品种也因其用途、市场远近而有变化。

(1)鲜食柿果及其采收期　用作鲜食的柿子分为脆柿和软柿2类。脆柿也叫呛柿、硬柿,软柿也叫烘柿、丹柿。

脆柿有涩柿和甜柿2种。涩柿在果皮转黄而未泛红、种子已呈褐色时采收。如采收过早,果实着色差,含糖量低,品质差,抗病性不强;采收过晚,果实极易软化腐烂,品质也开始下降。甜柿在树上能自然脱涩成熟,采后即可食用。甜柿在果皮变红而肉质尚未软化时宜采收,但远运外销时则不必待其充分成熟,在果皮转黄时即可采收,经过长途运输,果皮自然转红,肉质软化,恰到好处。如遇气候突变,由暖变凉,影响树上柿果脱涩,易造成果实返生带涩,这时应采取保暖措施。

用作鲜食的软柿类应在果实黄色退去、充分变红时采收。此时柿果含糖量高,肉质还没有软化,色泽鲜艳,经人工催熟软化,味甜色美,品质上等。在南方不少地方,让果实在树上充分成熟、呈半软状态时采收,这时食用别有一番风味,口味胜过人工催熟的柿子。

(2)加工用柿果及其采收期　制饼用的果实要充分成熟,在果皮黄色减退而稍呈红色时采收,最好在霜降前后采收,因为此时的果实含糖量高,尚未软化,而且容易削皮,便于加工。若采收过早,果实含糖量不高;采收太晚,柿果已经软化,影响加工。

做酱、做醋、做酒用的柿子,以充分熟透的为上品,含糖量越高,越有利于发酵。

做柿漆用的柿子,应以鞣质含量高为标准,采收期应提前至8月中下旬,果实着色前采收。

(3)市场情况与采收期　市场的远近及供求状况也决定着柿子的采收期。虽然早熟品种与晚熟品种的采收期相差2个月,但是为了保障淡季供应,提高产值,现在大都提前采果,利用人工催熟方法提前上市,或通过贮藏,以延长鲜果供应期。用于贮藏的鲜果采收期也相应提前,这样更有利于贮藏。

19. 柿果的采收方法有哪些?

(1)折枝法 用手或竿钩将果连同果枝一起折下。这种方法虽然容易把连年结果的果枝顶部花芽摘掉,也常使2～3年生枝折断,但对于进入大量结果的盛果期柿树,是比较恰当的方法。因为这时的柿树树冠已经形成,树势中强,树姿开张,内膛枝逐渐枯死,由于内膛空虚,结果枝组外移,通过折枝可以促发新枝,使结果枝组自然更新,结果部位回缩,防止结果部位外移,起到了粗放修剪的作用。

(2)摘果法 用手或摘果器将果实逐个摘下的方法。这种方法主要用于幼树,因为此时幼树树体骨架刚形成,树冠需要迅速扩大,此时的修剪更要精细规范。采用摘果法可避免破坏连年结果枝上的花芽,以保障翌年产量。但对于树体健壮的幼旺树,亦可采用折枝法。

无论采用哪种方法采果,采回的柿果都要在果梗近蒂部剪去果柄,果柄越短越好,必要时还要剪去萼片,因为果柄和萼片干后容易发硬,一旦刺伤果实,果实内单宁将溢出,受伤部位呈黑色,不但有损外观,而且易引起腐烂,不利于贮藏和运输,也会影响商品率。

20. 柿果的包装与运输是怎样进行的?

(1)包装 各地柿子的包装大都就地取材。硬柿包装要求不严。软柿皮薄多汁,不耐挤压,需要坚实的包装材料。不论是生、熟、软、硬,包装前都要分级筛选,剪去果柄和萼片。包装时应蒂对蒂、顶对顶,按层排列整齐,以减少挤压、震动和摩擦。每层用纸或树叶间隔衬垫。包装完毕要检查是否通风。

(2)运输 生柿和熟柿对运输的要求不同。生柿较耐贮运，可根据路途远近做相应的处理，短途运输时可就地脱涩；路途较远时可以在运输途中脱涩。其具体做法是在箱内铺垫厚一些的吸水纸或脱脂棉，然后喷上40%乙醇或1 000毫克/千克乙烯利水溶液，经2～4天的路程后即可脱涩，到目的地后马上出售。有些地方用鲜松针或榕树叶做衬垫，既防止了碰伤，也能起到脱涩作用。运输路程在5天以上的，运用此法脱涩最好。

21. 柿果贮藏保鲜技术有哪些？

通常是北方柿比南方柿耐贮藏，但广东、福建的元宵柿比北方柿更耐藏，可贮至翌年元宵节。晚熟品种比早熟品种耐贮藏，同一品种中，迟采收的比早采收的耐贮藏。柿子的硬果期长短也因品种而异，软化之后的耐藏性也不相同。此外，甜柿中的富有、次朗等品种也有较好的耐藏性。柿子的耐藏性与采收成熟度密切相关。成熟度偏低、早采、果色还未着色的柿果，不仅贮藏后期无柿子风味，而且褐变严重。成熟度偏高、采收过晚、果色全部转黄或橙色，果心已经汤心软化，则果实极易进一步软化，不能长期贮藏。因涩柿不能在树上脱涩，迟采并无好处，故宜适当早采。

柿果贮藏的目的是为了延长其市场供应期和有利于加工。因此，贮藏时应选用中晚熟品种，采收期应提前7天左右，多数品种在霜降后即可采收，然后严格挑选，去除病果、虫果，才能达到贮藏标准。

贮藏的方法有室内堆藏、露天架藏、自然冷冻、冷冻保贮、气调贮藏、液藏法、涂膜贮藏、化学贮藏等方法。各地要根据当地气候和地理条件，选用合适的贮藏方法。

(1)露天架藏技术 露天架藏法很适合一般农户贮藏。先在院内做架棚，架棚的长、宽、高可根据自家院落大小决定。具体做法是先栽桩，桩距1米，围成长方形，然后在距地面0.8米处用横木把各桩绑捆在一起，上摆小木棍形成第二层架，最后在架顶（距第二层0.8米）做棚遮阴，即成架棚。也可用砖砌成花墙代替木桩做架，效果更好。贮藏前先用砖等物将地面垫平，然后铺上较软的禾草，把柿子平放在禾草上，摆放时柿蒂朝下，码6～8层，摆好后在柿子上盖一层禾草，然后在四周围上草苫保温防风。用这种方法一般可贮藏到春节前后，最长可到清明前。取果时，要从上往下一层一层地取。

（2）液体贮藏技术 先按100∶3∶1的重量比分别称取水、食盐、明矾，把水烧沸，加入明矾和食盐，使其充分溶化，搅拌使其出现大量泡沫为止，冷却后备用。把挑选好的柿子放入缸内，再把配好的溶液倒入缸内，以全部浸没柿子为度，最后压上竹条等防止柿子上浮。用加盖罐效果更好。用这种方法贮藏，操作简单，贮藏期可达3个月，而且色好，肉质脆硬、甘甜。

（3）低温库贮藏技术 低温库有2种：一种是没有制冷设施的自调低温库；一种是靠制冷设施制冷的低温库。

在北方，自调低温库很普及，结构简单，通常在地面3米以下或土崖下挖土窖，然后根据土窖大小建一至数个2米以上的通气囱，便于气体对流。这种果库主要是依靠外界气温调节库温，有条件的农户可在库内设立制冷机，效果较好。

机械制冷库贮藏有2种方法：一是把装箱的柿子放入冷库，调温至0℃～1℃，库内空气相对湿度85％～90％，可以贮存50～70天。二是先在－18℃下快速制冷，冻结1～2天后，再调温至－10℃以下贮存，可长期保鲜，不变质。

（4）气调贮藏技术 供贮的柿子宜选七成熟的，且无病虫害，完好无损。气调贮藏鲜柿的方法有以下几种。

第一，用厚0.1毫米聚乙烯薄膜制成80厘米×54厘米的塑料袋，每袋装柿子10千克。在装果的同时加入吸有0.6毫升仲丁

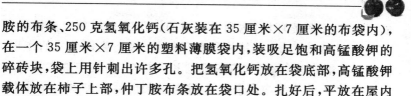

胺的布条、250 克氢氧化钙(石灰装在 35 厘米×7 厘米的布袋内),在一个 35 厘米×7 厘米的塑料薄膜袋内,装吸足饱和高锰酸钾的碎砖块,袋上用针刺出许多孔。把氢氧化钙放在袋底部,高锰酸钾载体放在柿子上部,仲丁胺布条放在袋口处。扎好后,平放在屋内贮藏架上贮放。

第二,用厚 0.08 毫米、80 厘米×50 厘米、硅窗面积为 80 厘米^2 的聚乙烯袋,内装 7.5 千克柿果,同时放入吸有 0.6 毫升仲丁胺的布条(布条与柿果间衬一层塑料薄膜),扎紧袋口。

上述 2 种方法均在 10℃～12℃条件下贮藏。15℃以上时,早晚打开门窗通风降温。低于 9℃时,用草帘堵严门窗,同时在柿子上面覆盖一层草苫,使柿子周围的温度保持在 10℃～12℃。在存放 21、33 和 45 天时,各放开口袋换气 15～25 分钟。这样柿子可贮藏 50 天左右。在 0℃～3℃条件下贮藏,比在 5℃条件下贮藏的效果好。贮藏的温度以 0℃±1℃为宜,空气相对湿度为 90%以上。在低氧、高二氧化碳、去除乙烯的条件下,氧的浓度可降至 4%。

第三,选用厚 0.04 毫米聚乙烯薄膜袋装入柿子,按每千克柿子喷 35%乙醇 2.6 毫升,加去氧剂(亚硫酸盐、草酸盐、铁粉,抗坏血酸等)0.8～1.6 克,保持袋内氧为 1%～2%,二氧化碳为4%～7%,袋内还放入饱和高锰酸钾载体 18 克/千克,以吸收乙烯,在 -1℃～0℃冷库中贮藏。

(5)保鲜剂贮藏技术　用除氧剂和乙烯吸收剂(高锰酸钾)组成保鲜剂,与柿子一起密封在聚乙烯薄膜袋中,经 6～10 天可使柿子脱去涩味,且保持鲜脆质地。由于保鲜剂在密封条件下能较长时间地保持柿子硬度,故可较长期贮藏或长途运输。

陕西省化工研究所研制成功 DEP 柿子脱涩剂和 DEP 柿子保鲜剂。DEP 脱涩剂以特殊铁粉为主,配以助剂制成。将它与柿子一起放入密封的塑料袋中,在中温、高温下自行调节袋内气体组成,造成柿子脱涩环境,达到脱涩目的。DEP保鲜剂以高锰酸钾为主,具有吸收乙烯、保持柿果色泽鲜艳、果肉脆硬品质的作用。按柿子重量的1%分别称取脱涩剂和保鲜剂,各装在牛皮纸袋内置于柿果中,排出袋内多余空气,密封装箱贮运。在20℃条件下,经7～15天即可脱涩,前后可保鲜20天左右。开袋后,货架期3～5天。DEP的保存期为3个月,脱涩剂和保鲜剂分别密封包装,随开随用,开袋后4小时即开始变质失效。

22. 柿果如何进行脱涩处理?

柿果细胞组织中含有较多的单宁物质,其主要成分是三羟基苯和没食子酸。涩柿中的单宁绝大多数以可溶性状态存在于果实组织内。单宁物质具有收敛作用,当人们咬破果实,可溶性单宁被唾液溶解,使人感到有强烈涩味;而甜柿中的单宁,绝大多数是以不溶性状态存在,不能被唾液溶解,所以感觉不到涩味。脱涩就是将可溶性单宁转化为不溶性单宁的过程,并不是将单宁物质除去或减少。柿子脱涩的方法很多,凡能使柿子内可溶性单宁转化为不溶性单宁的方法都能用于脱涩。按软柿和硬柿的不同要求,选用的脱涩方法也有差别。

(1)软柿脱涩技术

①*熏蒸脱涩*　将包装好的柿子放入密封的烘房中,点燃熏香(用量按空间大小和柿量多少而定)。烟熏时,保持室内温度20℃～25℃,密封36～48小时后,开封调节气体,再经2天即可出房。用这种方法脱涩,操作简单,成本低廉,色泽艳丽,肉质柔软,是江南一带使用较多的方法。

②*混果或植物叶脱涩*　将柿子放入木桶或瓦缸内,每层混放些梨、木瓜、山楂、苹果、松针或榕树叶做间隔,放满后密封,经4～6天即可脱涩软化。此法在浙江余杭一带广泛使用,效果良好。

③乙烯利脱涩　用40%乙烯利溶液稀释成250毫克/千克的水溶液，将柿子连筐在水溶液中浸蘸一下，堆放整齐，然后用塑料薄膜或篷布遮盖密封36～48小时，启封后在常温下经2～4天就能自然脱涩。也可用1 000毫克/千克乙烯利溶液喷布在柿子上，然后装筐或装箱，经2～3天运输，到销售地刚好脱涩。

④乙烯脱涩　将柿子连筐堆放在密闭烘房内，或用无菌聚乙烯塑料袋包装柿子后注入1∶1 000浓度的乙烯气体，在20℃～25℃条件下经36～48小时后开启，再经2～4天即可脱涩。

(2)硬柿脱涩技术

①温水脱涩　将柿子放入容器中，注入温水淹没柿子，水温保持在40℃左右，经10～24小时以后脱涩。此法的关键是保持水温，水温过高，果皮易被烫伤变褐，果肉呈水渍状，仍有涩味，俗称"烫死"；水温过低，则脱涩缓慢(如果用冷水浸泡脱涩需6天以上)，用这种方法脱涩的柿味平淡，不能久贮，易变软转色，只适合于家庭采用。

②石灰水脱涩　先用生石灰配成3%～5%石灰水，过滤去渣，把清液倒入缸内，然后将柿子浸入石灰水中，经3～4天即可脱涩。如果适当提高水温，可缩短脱涩时间。用这种方法脱涩的柿果特别脆，因为除石灰水与鞣质发生化学作用外，石灰水中的钙离子还能阻碍原果胶的水解作用，因而脱涩后柿果变脆。采用此法时，石灰水的浓度不能太大，太浓时柿子表面容易附着石灰，影响果面，还会引起裂果。

③二氧化碳脱涩　将柿子装在可以密封的容器(或密封的烘房、塑料帐)内，然后徐徐注入二氧化碳气体，待逸出的气体能把点燃的火柴熄灭时密封容器，经3～4天后便可脱涩，取出柿子置于通风处，待气味散去后装箱。

用固体二氧化碳(干冰)脱涩更容易操作。具体做法是按每100升容积需200克干冰，称取干冰，把它破碎成鸡蛋大小，用两层报纸包好，放在密封容器底部，上部再盖一层软物，而后装入柿子，封口，经 3～4 天就能脱涩。这种方法也适合在运输途中脱涩。

23. 延缓柿果软化的措施有哪些？

柿子贮藏过程中，随着果实的成熟衰老，果实明显软化。这是其生物学特性所决定的，采用一定的方法，可延缓果实软化。

(1)掌握适宜的采收成熟度 拟贮运的柿子，宜在果实已经达到应有的大小，皮色刚转黄、种子呈褐色时采收。

(2)选择耐藏品种 广东、福建的元宵柿，陕西乾县的木娃柿，陕西三原的鸡心黄柿，河北赞皇的绵羊柿，冀、豫、鲁、晋的大磨盘柿等较耐贮藏。

(3)冷藏或气调贮藏 冷藏温度－1℃～0℃；自发气调贮藏对延缓柿子软化有一定效果，需要在包装内放入足够量的乙烯吸收剂；气调贮藏的气体指标为氧 3%～5%、二氧化碳 5%～8%。

24. 榛子的采收期如何确定？

榛子必须充分成熟才能采收。过早采收，种仁不饱满充实，晾干后易形成瘪仁，降低其产量和质量；采收过迟，榛子则自行脱苞落地，不易捡拾，易被鼠类咬食危害而减少收获量，所以适时采收很重要。榛子成熟的标志是果苞和果顶的颜色由白色变成黄色，而且果苞基部出现一圈黄褐色，俗称“黄绕”。此时果苞内的坚果用手一触即可脱苞，即为适宜采收期。

榛子成熟的时期与种类、品种、品系、生长地的气候特点等有密切关系。平欧杂种榛子于 8 月中旬至 9 月上旬成熟(在辽宁地区)，欧洲榛在大连成熟期则为 8 月中下旬。生长在阳坡地的榛子比生长在阴坡的成熟早。即使是在同一株丛内，果实成熟因分布部位不同而异。树冠周围和顶部的果实先成熟，而树冠下部及内膛的则晚成熟，因此，分期采收较为合理。同一榛园内的果实采收期一般可持续 7～10 天。

25. 榛子的采收方法有哪些？

(1)人工采收 平欧杂种榛和欧洲榛虽然树形较高，但仍可人工采摘，将带有果序柄的果苞一起采下。或等果实脱苞落地再捡拾集中起来，每隔 1 天捡果 1 次，即分期采收。或采取振荡大枝，使榛果落地的办法然后集中收集放在筐里或麻袋中，运到堆果场待脱苞。采摘榛果时，要注意尽量避免碰伤或折断树枝，否则将影响翌年榛树的生长发育和结实，我国目前以人工采收为主。

(2)机械化采收 机械化采收榛果适于大面积榛园，目前，在国外如意大利、美国的先进农场均采用机械化采收。其优越性是机械化采收可大大节约人力，提高工作效率，降低成本，所采收的榛子成熟度好，质量高，是今后发展的趋势。

榛子采收机工作是采用吸气的原理，将落地果实、果苞用一条直径 25～30 厘米的管子吸进机器内，然后将果实同枝叶、果苞、土块分离。过去的采收机是用拖拉机带动采收机行走采收，现在意大利最新设计的 CIMINA300 型自带马达，自己行走，工作效率高。在榛子成熟季节，一般集中采收 2 次可完成全部过程。

26. 榛子贮藏的最佳指标是什么？

榛子贮藏的最佳贮藏指标一般是：温度 0℃～1℃，经济贮温≤15℃即可；气调贮藏时，氧 2%～3%，二氧化碳≤80%，空气相对湿度＜60%；贮藏期可达 3 年。

27. 榛子的品种属性与贮藏特点如何?

榛果对低氧高二氧化碳不敏感,氧<1%、二氧化碳≤80%均不产生气体伤害。因此,选择自发气调贮藏如大帐或塑料小包装,气密性越高,并辅以充气(氮、二氧化碳)处理,其贮藏效果越好。

榛仁的主要成分是脂肪,部分为蛋白质、糖,含水量3.5%~7%。贮藏期低温、低氧和高二氧化碳、低湿度均有利于防止其脂肪氧化(即产生“哈喇味”)。

从防虫、防霉、防哈败角度,温度低、湿度也低对榛果贮藏有利,但从降低贮藏成本,提高经济效益及满足其指标出发,贮藏温度<15℃,空气相对湿度<60%即可。

28. 榛子贮藏中应注意哪些问题?

榛子贮藏中要注意:一是充分成熟采收,及时去掉苞皮、杂质。二是用0.05%甲基硫菌灵浸果3分钟,进行防腐处理。三是榛子长期贮藏的含水量必须小于7%,否则,易发霉或哈败。四是贮藏库内要求通风良好,避光(阳光不能直射),防鼠害,干燥。五是要使榛果处于低氧和高二氧化碳环境。

29. 银杏果实如何采收?

银杏树被称为活化石,是现存最古老树种之一,原产自我国,果实俗称为白果。我国银杏树自然分布区域较广,气候条件差异较大,因此,采收期极不一致。黄河以北的银杏采收期大约是在10月上旬,黄河以南至长江流域一带在9月下旬;广东、广西、川南一带在9月中下旬。

银杏有孤立木、散生树、用材树和果材兼用型的银杏园，树龄较长，树体高大，采种困难，可用升降机震落法采种。如条件达不到时，可上树用竹竿震落或用采种钩镰钩住侧枝摇落，地面拾取。

30. 银杏果实如何进行脱皮处理？

银杏适期采收后，应堆放在有水源的宽广场地。厚度以不超过 30 厘米为宜，上覆湿草。在采后的 2～3 天内，外种皮即会腐烂，这时用脚轻踏，使外种皮剥离。工作时应穿隔离鞋袜，避免皮肤与外种皮接触；或用木棒轻击，除掉外种皮；或带上橡皮手套直接搓去外种皮。因银杏外种皮含有醇、酚、酸等多种化学物质，对多数人的皮肤会产生刺激作用，引起瘙痒，出现皮炎、水疱，应引起注意。

在银杏采收前的 10～20 天，可用$(500\sim800)\times10^{-6}$乙烯利喷洒树冠，这样一方面可使银杏成熟期更加一致，对树枝稍加震动，种子即会脱落；另一方面外种皮与中种皮更易脱离。

除去外种皮以后，应立即放在水中冲洗和漂白，停留时间长、未除净外种皮会污染洁白的中种皮，使中种皮失去光泽。常用的漂白方法有 2 种。

第一，漂白法。漂白液的配制，将 0.5 千克漂白粉用 5～6 升温水化开，滤去渣子后，再加 40～50 升清水稀释。每 1 千克漂白粉可漂白 100 千克除掉外种皮的白果。漂白时间为 5～6 分钟。白果捞出后，在溶液中再加入 0.5 千克漂白粉，可再漂白 100 千克白果，如此连续 5～6 次，即需换水，另外，配制漂白液。白果倒入溶液后，立即搅动，至骨质的中种皮变为白色时，即可捞出。然后用清水连续冲洗几次，至果面不留药迹药味为止。漂白用的容器，以瓷缸或水泥槽为宜，禁用铁器。

漂洗后的银杏，可直接摊放在室内或室外通风处阴干，铺厚

3～4 厘米，阴干时，应勤翻动，以防中种皮发黄或霉污，影响商品品质。另外，在漂洗和阴干过程中，也应注意勿使泥土、脏物污染中种皮，保持中种皮洁白美观，符合外贸要求，以提高商品价格。

第二，熏蒸法。除去外种皮以后，立即放入清水中冲洗、揉搓几次，直至附着在中种皮上的外种皮全部除去为止，然后摊在席上，将附着在中种皮上的水晾干，再放入缸（瓮）中，数量约占缸容积的 2/3，再在白果中间点燃一酒盅硫磺，封住缸口，熏蒸 30～40 分钟后打开封口。这样，白果即洁白又有光泽，然后把白果摊在干净的席上稍加晾晒即可送收购部门。

31. 银杏贮藏的最佳指标是什么？

银杏贮藏的最佳指标一般是：温度 1℃～2℃，空气相对湿度 50%～60%，气体成分氧 2%～3%、二氧化碳 3%～5%。

32. 银杏贮藏的方法有哪些？

(1)沙藏法 我国南方气温较高，可选择阴凉的室内沙藏，最好是泥土地，其次是水泥地。地面先铺上一层厚 10 厘米的湿沙，沙的湿度以手捏不成团为宜，在湿沙上面摊放厚 10 厘米的白果，再铺上 5 厘米厚的湿沙，如此可铺多层；或以 1 份白果 2 份湿沙混合堆放，但总高度以不超过 60 厘米为宜。并应经常检查保持湿润，此法贮藏期可达 3～5 个月。

(2)水藏法 将白果浸入清水池或水缸中，并经常注意换水。此法贮藏期可达 4～5 个月。

(3)冷藏法 在我国南方气温较高的地方，可用此法贮藏。通常是装入麻袋或竹篓中，放在冷库内，温度保持在 1℃～3℃，每隔 10～15 天根据干湿情况喷 1 次水。此法贮藏期可达 6 个月。

(4)袋藏法 将分选后的白果装入厚5毫米的薄膜袋中，每袋重量最好不超过20千克，然后置入温度不超过5℃的冷库中。此法贮藏期可达6个月。

另外，临时贮藏的白果可置于低温阴凉处，避免日光直接照射，垛堆不可过高，以免生热霉烂。白果在运输过程中，必须注意通风，防止日晒、雨淋、重压、闷热和破损。

33. 银杏贮藏中应注意哪些问题?

(1)采收期 一般为果实由绿色变为金黄色，叶子出现脱落时再采收，可用竿子轻摇动树梢或人爬树上摇动树体，使果实脱落。采收时树下用塑料膜等收集。秋季阴雨、风干下落的果实要及时收集处理。果实采收后，常温下2～3天后用清水浸泡果实即可除去果肉、果皮。去除果肉、果皮时，不能用手直接接触，否则，时间稍长手皮破裂，可用木棒搅动。

(2)防腐处理 用70%甲基硫菌灵可湿性粉剂600～800倍液浸果处理3分钟，或0.9%～1%漂白粉水溶液浸果5～6分钟，再用清水洗4～5次，或用硫磺熏蒸，方法同核桃。

(3)贮藏期间 谨防库温波动太大，否则失水过多；并防止低温冻害；常温贮藏关键是湿度，要求空气相对湿度25%～27%为宜，或风干后藏于缸中。

34. 无花果如何进行采前催熟?

无花果具有树上成熟习性，而且成熟期长，上市期分散。如果进行人工催熟，不仅可以促进果实提早成熟，也可分批均衡上市，或避开雨天，提高商品价值，显著增加经济效益。

(1)油处理法 油处理是一种古老的无花果催熟方法，其原理是油脂分解后产生的不饱和脂肪酸被氧化而产生乙烯，进而引发果实内源乙烯的产生，促进了相关的成熟代谢过程。通过油处理催熟的果实，风味、品质和大小与自然成熟的果实毫无差异，因此，在世界无花果产区，特别是作为鲜果供应的无花果园，应用非常普遍。处理时间在果实自然成熟前15天左右最为合适，此时果实基本达到固有大小，果皮开始转色，果孔稍稍突起。处理方法是将新鲜的植物油，用毛笔涂于果孔内或用尖头小口径塑料瓶（内装油）和注射器将植物油注入果孔，每次每个结果枝处理最下部的1～2个果。处理后5～7天果实即可成熟采收。

(2)乙烯利处理法 乙烯利处理是一种较现代的无花果催熟技术，操作简便，工作效率高，实用性好，且成熟果实也比油处理的略大。用乙烯利处理催熟无花果的时期与油处理相似，也在果实生长的第二期末。主要方法有喷雾、浸果和蘸涂等。一般喷雾处理的乙烯利浓度为200～400毫克/升，浸果所用浓度为100～200毫克/升，毛笔蘸涂的处理浓度为100毫克/升。还可用注射器将乙烯利液直接注入果孔，处理浓度可降为25毫克/升。需要注意的是处理浓度不宜过高，特别是在树体生长旺盛以及雨水多的情况下，易造成果顶开裂，再就是乙烯利和油处理不能用于同一个果实。

35. 无花果的采收是怎样进行的?

无花果的成熟期较长，同一树冠和枝条上的果实，由于开花早晚不一，成熟期也有差异，形成所谓的春、夏、秋果。因此，无花果最适宜分期采收。无花果成熟的标志是果实散发出特有的浓郁芳香，风味香甜；果皮颜色转为各个品种固有的紫、红、黄、浅黄或浅绿等色，果皮上的网纹明显易见，果孔颜色变为深红色；果实变软，果皮变薄；有的品种果顶开裂，果肩处出现纵向裂纹。

采收时期依产品用途而异。如当地鲜销宜在九成熟时采收，即果实长至标准大小，表现出品种固有着色，且稍稍发软时采收为宜。如外运，除了良好的包装和冷藏条件外，采收应以八成熟为宜，即果个达固有大小且基本转色但尚未明显软化。如为加工所需，成熟度可再低些。10月中下旬以后的果实不能自然成熟，但是可以采下切片、制干，用作加工原料。采收时间以晴天的早、晚温度较低的时候为宜。

36. 无花果贮藏的最适指标是什么？

无花果贮藏的最佳指标一般为：温度－0.5℃～0℃、空气相对湿度85％～90％。

大批量果实成熟正值高温季节，而无花果的呼吸作用是随着温度上升而上升的。为了延长货架期应采用低温冷藏冷运。一般情况下，无花果采收后置于常温下（＞25℃）只有1天左右的保鲜期；若在采后6小时内进行预冷，并在15℃～20℃条件下贮存，保鲜期可达3天；5℃～15℃条件下贮存，可以保鲜5～10天；1℃～4℃条件下可保鲜10～15天；0℃条件下可保鲜20天。如果采用保鲜膜包装，则相同温度下保鲜期更长。

37. 无花果贮藏中应注意哪些问题？

(1)**预冷** 采后要及时于－1℃～0℃下预冷至0℃。

(2)**病害** 无花果的病害为交链孢腐曲霉属菌腐和软腐，并且病原菌耐低温能力强。

(3)**气体** 适当浓度的二氧化碳处理有利于保鲜。

(4)**成熟度** 贮藏用果实宜成熟采收，但此时果实已变软，故要谨防挤压伤，并随成熟随采收。

八、果品保鲜剂的配制与使用技术

1. 蜡膜涂覆剂如何配制和使用？

蜡膜由高级脂肪酸、高级一元醇酯和高级烃类所组成，具有熔点低、油腻性小、稳定性大等特点。在空气中不容易变质，成膜性好，有的有蜡的光泽，适于作涂被剂使用。常用作涂被剂的蜡有蜂蜡、虫蜡、巴西棕榈蜡等，下面介绍几种配方。

(1)配 方 一

①原料配比　蜂蜡 350 克、蔗糖脂肪酸酯 3 克、卵磷脂 4 克、清蛋白 3 克、椰子油 60 毫升、水 580 毫升。

②调配和使用方法　将清蛋白浸泡在温水中，加热溶解后加入卵磷脂和蔗糖脂肪酸酯。将蜂蜡熔化后配入椰子油，混合均匀。将上述两种液体混合在一起，进行搅拌乳化分散，即得到所要求的涂被保鲜剂。

此保鲜剂的特点是具有适度的黏性，成膜性好，使用方便。将鸭梨放在该水乳液中浸渍，取出风干后装入梨箱，置于18℃的室内贮存。30 天后检查，果皮光泽自然，果色稍变黄，硬度如初。未使用保鲜剂的对照果，第八天明显软化，尾部表皮皱缩，退色严重。

本制剂各种原料都具有可食性，对人体无害，仅用水洗就可以除掉这层膜。该制剂除用于果实保鲜外，也可用于禽蛋类保鲜。

(2)配 方 二

①原料配比　石蜡 200 克、巴西棕榈蜡 3 克、烷基磺酸钠 10 克。

②调配和使用方法　将烷基磺酸钠溶解在水中、巴西棕榈蜡溶解在热乙醇中、石蜡加热熔化。将上述3种液体混合在一起，定容至1 800 毫升，快速搅拌，令其乳化分散，即为所要求的保鲜剂。

该保鲜剂成膜性好，有光泽，适用于柑橘、苹果等涂被保鲜。

(3)配 方 三

①原料配比　石蜡100克、环氧乙烷高级脂肪醇8克、山梨糖醇酐脂肪酸酯6克、烷基磺酸钠8克、油酸12毫升、水1 500毫升。

②调配和使用方法　将石蜡熔化，在70℃左右将其他各种原料与熔化了的石蜡放在一起混合，再加入温水混合搅拌，乳化分散后即得到涂被保鲜剂。

在本配方中，石蜡、油酸、环氧乙烷高级脂肪醇是成膜剂的主要成分。烷基磺酸钠是阴离子型表面活性剂，乳化能力强。山梨糖醇酐脂肪酸酯是非离子型表面活性剂，具有良好的分散稳定性，对酸和碱都比较稳定，与阴离子型表面活性剂一同使用可增强乳化能力。用于水果和瓜果类的保鲜，可抑制呼吸作用和水分散失，减少养分的损耗，防止萎蔫，延迟后熟。

2. 天然树脂膜涂覆剂如何配制和使用?

天然树脂中，醇溶性虫胶成膜性好，干燥快，有光泽，在空气中稳定，适合作为涂被保鲜剂使用。

虫胶又称紫草茸，是由虫胶树上的紫胶虫吸食消化树汁后的分泌液在树枝上凝结干燥而成。成品呈紫红色，经精制后成淡黄棕色。主要成分是光桐酸的酯类，不溶于水，溶于乙醇和碱性溶液。我国云南玉溪产的虫胶品质好，杂质少，易溶解，成膜后光泽自然。下面介绍几种配方。

(1)配 方 一

①原料配比　虫胶50克、氢氧化钠20克、乙醇80毫升、乙二醇8毫升、水1 500毫升。

②调配和使用方法　将虫胶加入到乙醇、乙二醇混合液中浸泡,使其溶解。加入氢氧化钠水溶液,加热搅拌,使溶解了的虫胶皂化。

将柑橘、苹果、梨等果实放在该溶液中浸渍,取出后风干,即可形成一层透明的薄薄的保鲜膜。

(2)配 方 二

①原料配比　虫胶100克、多菌灵6克、2,4-D 1.2克、柠檬酸10克、氢氧化铵适量、水2 500毫升。

②调配和使用方法　用氢氧化铵将虫胶溶解在水中,加2,4-D、柠檬酸和用油酸溶解的多菌灵,全部溶解后调节pH到8,即得到涂被保鲜剂。

将红元帅苹果放在该溶液中浸渍,取出风干后装入果箱中,置于0℃库中贮藏。贮存6个月(从9月20日至翌年3月20日),无病害、无腐烂,色泽鲜艳,总损耗0.8%。

用上述涂被剂处理的果实,具备自身愈伤功能,外表光泽美观,抗组织衰老,延缓后熟,从而达到长期保鲜的作用。适用于柑橘、橙类、苹果、梨等果实的贮藏。

3. 油脂膜涂覆剂如何配制和使用?

油脂具有油腻性,主要成分是脂肪酸的甘油酯,不溶于水。借助乳化剂和机械力作用,将互不相溶的油和水制成乳状液体制剂,用以涂被果实,达到长期保鲜的目的。下面介绍几种配方。

(1)配 方 一

①原料配比　棉籽油500克、山梨糖醇酐脂肪酸酯5克、阿拉

伯胶5克、水1 000毫升。

②调配和使用方法　先将阿拉伯胶浸泡在水中，待溶胀后加热搅动使其溶解。然后加入山梨糖醇酐脂肪酸酯和棉籽油，加热搅拌使其成为乳液。

将果实在此乳化液中浸渍，取出晾干后形成一层薄膜，即可装箱入贮。用这种方法处理夏熟蜜柑，销售期比对照果延长5倍以上。

该保鲜剂无毒、无副作用，还可用于禽蛋类的保鲜。

(2)配 方 二

①原料配比　豆油400克、脂肪族单酸甘油酯2.5克、酪蛋白钠2克、琼脂1克、水1 000毫升。

②调配和使用方法　先将琼脂浸泡在温水中，待溶胀后加热化开。然后加入其他成分，高速搅拌即得乳化液。

该保鲜剂光泽自然，原料中不含有毒物质，适用于瓜果类和果菜类果实的贮藏保鲜。将果实放在上述乳液中浸渍，取出风干后贮存，保鲜期明显延长。

4. 其他膜涂被剂如何配制和使用?

以淀粉、糊精等为原料，也可作成膜剂使用，下面介绍几种配方。

(1)配 方 一

①原料配比　淀粉100克、碳酸氢钠50克。

②调配和使用方法　先用少许冷水将淀粉化开，倒入10升沸水中调制为稀糊状，冷却后加入碳酸氢钠，充分搅拌均匀。

将柑橘在此浆液中浸渍，捞出晾干后形成一层保护膜，按常规办法包装，置于阴凉处贮藏。

该保鲜剂原料易得，价格低廉，调制和使用方法简便。

(2)配 方 二

①原料配比　淀粉45克、苯甲酸钠6克、柠檬酸6克、苯菌灵1.5克、2,4-D 1克、水4 000毫升。

②调配和使用方法　将上述各种固体原料放在一起混合,先加200毫升冷水调成稀糊状,然后加沸水,边加边搅拌,冷却后即可使用。

将柑橘放在该液体中浸渍1～2分钟,取出晾干后即可装箱入贮或长途运输。用此种办法处理过的柑橘果实,既能增加果实光泽,又可在后熟过程中继续转色,防止细胞衰老,防止水分散失,久贮不产生异味,有明显的防腐保鲜作用。

5. 合成防腐保鲜剂如何配制和使用?

下面介绍几种配方,说明合成防腐保鲜剂的配制和使用方法。

(1)配 方 一

①原料配比　壳聚糖0.4克、干萝卜叶50克、醋酸10毫升。

②调配和使用方法　将无农药污染的干萝卜叶粉碎,放入300毫升、80℃的热水中浸泡,过滤后再反复浸泡过滤2次,合并3次滤液,加入醋酸摇匀。最后加入壳聚糖,溶解后定容至1 200毫升。

该保鲜剂螯合性好,抗菌力强。适用于水果、蔬菜、花卉等的保鲜。使用方法是将待贮物放在保鲜剂中浸渍,或用保鲜剂喷洒贮物。

(2)配 方 二

①原料配比　山梨酸4.5克、苯甲酸1.8克、柠檬酸1克、苹果酸2.7克。

②调配和使用方法　将山梨酸和苯甲酸溶解在热水中,加入柠檬酸、苹果酸,摇动或搅拌使其溶解,定容至2 000毫升,调节

pH 3.5～4，即为所要求的保鲜剂。

上述保鲜剂适用于苹果和梨的贮藏保鲜，使用时可采用浸渍或喷洒的方法，使果实表面均匀地涂上一层药剂，风干后即可包装贮藏。

③注意事项　不得使用铜器或铁器调配该保鲜剂；控制好酸碱度，以免降低保鲜效果。

(3)配 方 三

①原料配比　酒石酸 4 克、山梨酸钾 3 克、蔗糖 100 克、水 1 000 毫升。

②调配和使用方法　按配方比例依次将山梨酸钾、酒石酸和蔗糖溶于水中，即得到浸渍用的防腐保鲜剂。将苹果、梨、葡萄等果实在该溶液中浸渍 1～2 分钟后捞出，晾干即可包装入贮。

该保鲜剂兼有补充养分和防止腐败的双重效果，适用于酸性水果的贮藏保鲜。若再施以涂膜剂，效果更明显。

(4)配 方 四

①原料配比　次氯酸钠 20 克、六偏磷酸钠 0.1 克、水 200 毫升。

②调配和使用方法　将次氯酸钠和六偏磷酸钠依次溶解于水中，即得防腐保鲜剂。该保鲜剂适用于葡萄、樱桃和梅子等水果的保鲜，将上述果实在该溶液中浸渍 3～5 分钟，沥干后包装贮藏即可。

次氯酸钠为苍黄色晶体，水溶液呈碱性，是强氧化剂，具有优良的杀菌消毒性能，并有脱臭作用。六偏磷酸钠为无色透明玻璃状粉末，有较强的吸湿性能，易溶于水，主要用于食品添加剂和水质处理剂。该保鲜剂的特点是能有效地杀菌、防腐，从而延长果实的保鲜期。

6. 天然防腐保鲜剂如何配制和使用?

天然防腐保鲜剂的种类很多,下面介绍几种在果蔬中经常使用的保鲜剂。

(1)**魔芋提取液** 魔芋的地下茎块含有大量魔芋粉,粉中主要成分为魔芋甘露糖苷,含量可达50%,用有机溶剂提取后,可得到魔芋甘露聚糖。其无色、无毒、无异味,对水果的保鲜及鱼、肉类食品的防腐均有一定的作用。将采收的新鲜草莓放入0.05%(以重量计)的魔芋甘露聚糖水溶液中浸泡10分钟,然后取出沥去多余糖液,自然晾干。该处理的果实在室温下存放1周后,果实表面稍失光泽,但不霉烂,放3周后仍不发霉。而未经处理的草莓,室温下存放2天,果实光泽消失,3天后便开始霉烂。

(2)**植酸保鲜剂** 植酸是广泛存在于植物种子中的一种有机酸,以植酸为原料配制的果蔬防腐剂,可用于易腐果蔬及食用菌的防腐保鲜。用植酸配制的保鲜剂涂覆在葡萄、草莓、哈密瓜、香蕉、菠萝、荔枝等瓜果上,不仅可以保持新鲜微弱的生理作用,达到理想的透水、透气性能,而且还可以提高瓜果的光泽,抵御外界病菌的侵入,并能显著地抑制酶的活性。植酸用于极不耐贮的鲜樱桃的保藏,也取得了较好的效果。

据在草莓上的试验,最佳组合为0.1%~0.15%植酸+0.05%山梨酸+0.1%过氧乙酸。其混合液处理草莓,在常温下能保鲜1周;低温冷藏条件下能保鲜15天,好果率达90%~95%。另外,植酸具有保持果实品质的作用,用0.1%和0.15%的植酸处理草莓果实,果实中可溶性固形物、有机酸及维生素C含量均相应提高,其原理在于植酸具有一定的抗氧化性。

(3)**鞭打绣球种子提取液的应用** 鞭打绣球种子的提取液具有良好的成膜性,且成膜后无色无味,速溶于水,易洗涤,因此可利用鞭打绣球胶质的这一特性用于果蔬的涂膜保鲜。

据试验，用0.5%～1%鞭打绣球种子胶质溶液涂膜早熟金冠苹果，涂膜后在25℃～30℃的室温下开放型放置40天，其外观颜色和品质基本不变，而对照在2周内就全部转黄，至第四十天果皮严重皱缩，失去香味和商品价值。用上述浓度的鞭打绣球胶质溶液处理中晚熟苹果，保鲜效果更佳。用0.25%～0.5%鞭打绣球种子胶质溶液涂膜鸭梨，在室温下开放型放置40天，其品质基本不变，而对照果则表皮干皱，品质变劣，商品性大为降低。

鞭打绣球种子胶质溶液的保鲜机制就在于经处理后的果实表面形成一种均匀无色的膜体，由此造成了一种微气调环境，有效地抑制了果实的呼吸代谢，延缓了细胞的衰老和色素的降解，从而使果实的保鲜期得以延长。由于不同种类和品种的果实对二氧化碳的耐受能力不同，因此，不同种类的果实具有不同的最佳处理浓度。试验表明，苹果的最佳处理浓度为0.5%～1%，鸭梨、雪花梨为0.25%～0.5%，甜椒及其他果菜类为0.5%～1%。

经鞭打绣球种子胶质处理后的果实，表面光泽明显增强，具有上光打蜡的效果。因此，作为保鲜剂尤其适用于果蔬的货架期保鲜。

(4)壳聚糖及其应用　在壳聚糖用于草莓的防腐保鲜中，发现0.1%脱乙酰甲壳素涂膜，大大抑制了13℃条件下草莓的腐烂，21天后，腐烂率约为对照组的1/5，效果优于杀菌剂，且无伤害，能使草莓保持较好的硬度。用2%壳聚糖处理黄瓜，保鲜期20天，且色泽不变；处理青椒可保存25天甚至更长时间；对苋菜、韭菜、青菜的试验也均有不同程度的保鲜作用；在水果中对香蕉和苹果有效，而对毛桃无效，甚至加快其变质。用2%壳聚糖对四季橘保鲜取得了一定效果。以虾蟹壳制成的羧甲基化壳聚糖的中性水溶液对华光2号猕猴桃处理，采用单果涂膜，并用聚乙烯袋包装，袋内加入高锰酸钾乙烯吸收剂，常温下贮藏3个月，好果率接近

100%,失重仅为3%。

7. 中草药复合半透膜保鲜剂如何配制和使用?

据试验,用百部、虎杖、良姜、小檗碱等中草药进行超临界提取,提取物再配以淀粉、魔芋、卵磷脂等就可制成中草药复合半透膜果蔬保鲜剂,其组成如下。

(1)配方一(单位:克/升) 淀粉0.5~2、高良姜0.5~1、百部0.5~1、虎杖0.5~1、魔芋0.5~1.5、小檗碱0.5~1、卵磷脂0.1~2。试验证明苹果采收后经上述保鲜剂处理可保存6个月基本无损耗,番茄、茄子、黄瓜经处理后在10℃~15℃条件下可保存2个月。

(2)配方二 花椒50克、桂皮50克、丁香50克、氧化淀粉溶液300毫升。氧化淀粉为淀粉20克、高锰酸钾0.12克、硼砂0.15克、氢氧化钠1克、水100毫升,加热至90℃~95℃并连续搅拌20~30分钟,冷却即成。将上述配比混合后,均匀涂于普通包装纸上,形成一连续均匀的中草药涂布层,于60℃~80℃烘干制成复合保鲜纸,处理鸭梨在室温下放置35天,仍保持较好的鲜度,营养成分损失少。

(3)配方三 百步33克、虎杖33克、高良姜54克、甘草14克、氧化淀粉270毫升。按上法制成复合保鲜纸,对番茄、青椒、青瓜小袋包装进行保鲜,在室温26℃~34℃、空气相对湿度75%~98%条件下,存放于无直射光处可抑制样品衰败,减少养分损失。番茄贮存18~24天后,除颜色略深外基本保持新鲜,而对照组已完全腐烂;青椒保存12~18天后,主要色泽由绿经黄变红,但未腐烂;青瓜可保持6~12天。

(4)配方四 改性魔芋葡甘聚糖0.3%、羧甲基纤维素钠(CMC-Na)0.2%、大蒜浸提液1%。选无损伤柑橘放入上述方法配制的保鲜液中浸泡1～2分钟后捞出，沥干后在室温下贮藏。60天后腐烂率为25%，失重率3%，橙黄且有光泽，对照果腐烂率50%，失重率3.7%，果皮已无光泽。

8. 为什么要使用乙烯脱除保鲜剂？

水果在代谢过程中产生的植物激素——乙烯，是带有甜香味的无色气体，它有增加果实呼吸和促进后熟、衰老的作用，在贮藏保鲜方面属于有害气体，只要有千万分之一的低浓度乙烯存在，就足以诱发果实成熟。而且，成熟的果实又会放出乙烯，来诱发其他果实的成熟。这些果实一旦成熟，其品质状况就会日趋衰败。由此可见，贮藏过程中果实放出的微量乙烯是导致果实衰败和影响贮藏寿命的关键。人工脱除掉果实自身产生的乙烯，可以有效地保持果实的品质，延长贮藏期，乙烯脱除剂就是利用这一原理来发挥保鲜作用的。

乙烯脱除剂是保鲜剂中一个重要品种，用法简便，效果明显，使用安全，广泛应用于各种水果、蔬菜、花卉的贮藏保鲜和运输保鲜。采收后短期内使用，一般采后1～5天内使用效果最佳。

9. 物理吸附型乙烯脱除剂如何配制和使用？

物理吸附型乙烯脱除剂主要包括以下2种类型。

(1)活性炭乙烯脱除剂的配制和使用

①*活性炭乙烯脱除剂的特性* 活性炭是由竹、木、果壳、兽骨、泥煤、褐煤、石油烃等在隔绝空气的情况下经低温炭化和高温赋活而制成的具有多孔结构的无臭无味的炭，比表面积500～1 500米^2/克，对气体、蒸汽和有机高分子物质有极强的吸附能力，可以有效地进行吸附分离。食品工业上用活性炭作脱色、脱臭和调

味剂。

②使用方法　将活性炭装入透气性的布、纸等小袋内，连同待贮藏的水果一起装入塑料袋或其他容器中贮存。若包装容器的容量大、水果多，则应将活性炭适当分散，通常放置于水果的中层和上层。使用量一般为水果量的0.3%～3%。

作为保鲜剂单独使用的活性炭，可以使用各种形状的活性炭，但以颗粒状和柱状为好，使用方便。粉末状活性炭容易从包装袋的孔隙中漏出，污染果实。另外，使用时应注意，活性炭在干燥状态下吸附能力强，受潮后吸附能力降低。

(2)沸石乙烯脱除剂的配制和使用

①沸石乙烯脱除剂的特性　沸石是含水的碱金属、碱土金属类硅铝酸盐结晶体，具有分子筛作用、极性吸附作用、催化作用和离子交换能力。作为吸附剂使用的沸石，以具有多孔结构为佳，其有效孔径以0.3、0.4、0.5和1纳米的为上乘。

②使用方法　将沸石装入透气性的小袋中，与待贮藏的果实一起装入塑料袋或其他容器中贮存。使用量因果实的种类而异，有呼吸跃变期的果实，在高峰期用量较多，非高峰期用量少些，一般使用量为果实重量的0.5%～3%。

使用时应注意，沸石受潮后吸附能力降低，因此要注意干湿状态，潮湿后予以更换。

10. 氧化吸附型乙烯脱除剂如何配制和使用？

(1)方法一

①原料配比　高锰酸钾63.6克、氧化钙800克、蛭石1 000克、水1 000毫升。

②调制步骤　按配方比例将高锰酸钾投入到水中，摇动或搅拌使其充分溶解，得到高锰酸钾饱和溶液。将蛭石投入到高锰酸

钾饱和水溶液中，浸泡并搅动30～60分钟，沥出后阴干。将氧化钙粉碎，与沥出阴干的蛭石放在一起混合均匀。用透气性的材料将上述制成品分装成小包装使用。

③使用方法　高锰酸钾是强氧化剂，被覆于多孔质载体蛭石上，构成了具有氧化吸附能力的乙烯脱除剂。氧化钙具有杀菌消毒和吸湿的作用，吸收水分后变成氢氧化钙，则可吸收包装容器内的二氧化碳。该保鲜剂的特点是具有脱除乙烯、杀菌消毒和脱除过剩的二氧化碳3种功能，适用于水果的保鲜，一般使用量为果实重量的0.5%～3%。将保鲜剂小包装与果实一起密封或半密封包装，置于阴凉处贮存。

(2)方法二

①原料配比　高锰酸钾20克、无水氯化钙20克、硅藻土20克。

②调制步骤　将高锰酸钾、氯化钙均匀地载持于硅藻土上即可。

③使用方法　无水氯化钙是无臭、有咸苦味的白色立方晶体，吸湿性强，用作脱水剂和食品保存剂。它吸收的水分使高锰酸钾处于随时可与乙烯发生化学反应的状态，在本配方中是不可缺少的助剂，硅藻土具有很强的吸附性，在本配方中作载体使用。

该保鲜剂的使用量一般为果实重量的0.5%～2%。先用透气性的包装材料包好，再与待贮果实一起装入容器中密封，置于阴凉的室内或其他贮藏场所贮存。

(3)方法三

①原料配比　高锰酸钾63.6克、沸石(0.5纳米或1纳米)1 500克、水1 000毫升。

②调制步骤　将高锰酸钾投入水中，摇动或搅拌加速其溶解，若水温低时可稍加热。将沸石投入高锰酸钾溶液中，浸泡搅拌30～60分钟，令其充分吸附。沥水后风干。

③使用方法　该保鲜剂适用于各类水果、蔬菜及花卉的保鲜。使用时将该保鲜剂装入透气的小袋内，与水果一起装入容器中，密封或半密封状态下置于阴凉处贮存。

(4)方法四

①原料配比　高锰酸钾5克、磷酸5克、磷酸二氢钠5克、沸石65克、膨润土20克。

②调制步骤　将上述各种成分按比例放在一起混合，加少量水，搅拌均匀，充分浸润，经干燥后粉碎成直径2～3毫米的颗粒，或制成3毫米左右的柱状体，干燥后使用。

③使用方法　该保鲜剂适用于各种水果、蔬菜、花卉，尤其适用于香瓜、葡萄、蜜桃的贮藏保鲜。使用量0.5%～2%。

将该保鲜剂装入透气性的小袋中，与待贮的果实一起装入容器中，采用密封包装或透气性包装，置于阴凉处贮存。

11. 触媒型乙烯脱除剂如何配制和使用?

触媒型乙烯脱除剂是用特定的有选择性的金属、金属氧化物或无机酸催化乙烯的氧化分解。它的特点是使用量少、反应速度快、作用时间持久，是一种很有发展前途的保鲜剂，适用于脱除低浓度的内源乙烯。

(1)方法一

①原料配比　次氯酸钙120克、碳酸镁180克、粒状硅铝300克。

②调制方法　将上述3种原料放在一起混合，加少量水搅拌均匀，阴干后在110℃条件下人工干燥，粉碎成直径2～3毫米的颗粒，即得到所要求的保鲜剂。

③使用方法　该保鲜剂能够脱除内源乙烯及其他有害气体，同时具有灭菌防腐的作用，因此能长期保持果实的鲜度。使用量

一般为 0.3%～2%。

(2)方 法 二

①原料配比　次氯酸钡 100 克、三氧化二铬 100 克、沸石 200 克。

②调制步骤　同上。

③使用方法　该保鲜剂能够脱除气相中低浓度的乙烯，据试验，1 克保鲜剂在 2 小时内可将 250 毫升密封容器中浓度为 2 000 毫升/升的乙烯气体全部脱除。该保鲜剂适用于多种水果，一般使用量为果实重量的 0.2%～1.5%。

12. 二氧化硫发生剂如何配制和使用?

葡萄、芦笋、硬花球花椰菜等果蔬容易发生灰霉病，难以长期贮藏。二氧化硫和亚硫酸对这种致病真菌有强烈的抑制作用。以往，通常是在密闭贮藏库燃烧硫磺，使库内充满二氧化硫气体，或同时侧壁流水加湿，将二氧化硫溶解在水中，生成亚硫酸，用以防止灰霉菌和其他腐败菌的繁殖。但是，这种方法需要增加燃烧硫磺的一套设备，而且残存量难以控制。二氧化硫浓度过低，达不到灭菌防腐的效果；若浓度过高，虽说能够抑制灰霉菌，但是严重破坏果肉组织，降低风味，甚至引起腐烂。

在特定的温度下，对特定量的果蔬施以固定量的二氧化硫发生剂，取得了良好的保鲜效果。例如，对分两层密封放入瓦楞纸果品包装箱中的 10 千克巨峰葡萄，使用二氧化硫发生剂 75 克，分装成 2 袋，上下层各放入 1 袋。瓦楞纸箱用聚乙烯塑料薄膜密封，贮藏在 0℃左右的库内。经过 3 个月后出库，没有霉菌发生，好果率达 97%。下面介绍几种配方和使用方法。

(1)配 方 一

①原料配比　焦亚硫酸钾 97%、硬脂酸 1%、硬脂酸钙 1%、

明胶1%。

②调配和使用方法　将上述原料粉碎均匀，经共熔制成片状保鲜剂。用透气的材料包好，按0.25%的用量放在包装容器中葡萄的上方，密封后置于温度0℃～1℃、空气相对湿度90%的库中贮存。在上述条件下贮存7个月后开箱检查，结果99.4%的葡萄完好如常，腐坏率仅占0.6%。

(2)配方二

①原料　重亚硫酸钠。

②调配和使用方法　重亚硫酸钠是理想的二氧化硫发生剂。用聚乙烯和牛皮纸的层压薄膜袋密封住重亚硫酸钠，在其上部用聚乙烯含浸原纸等构成的小袋中装入粒状重亚硫酸钠。使用时打开小袋的上部开口。第一阶段由小袋内的粒状重亚硫酸钠发生二氧化硫，抑制灰霉菌的繁殖。第二阶段由果蔬散发出来的湿气使重亚硫酸钠发生活化，经2～3天后，下部牛皮纸层压密封袋内的重亚硫酸钠开始非常缓慢地释放二氧化硫。二氧化硫比空气重，容易向下扩散，分层放置时，应将二氧化硫发生剂放在每层的中央上部。

重亚硫酸钠在潮湿的空气中与二氧化碳发生反应，生成碳酸氢钠和二氧化硫气体。

③优点　产气量多，容易控制反应速度。二氧化硫发生量受二氧化碳浓度和包装方式的双重控制，在整个贮藏期间持续缓慢地释放二氧化硫，抑制灰霉菌和其他腐败菌的繁殖，因此能长期保持果蔬的鲜度。使用量为果蔬量的0.3%～1%。

④注意　本品不应与皮肤或果蔬直接接触。

(3)配方三

①原料配比　焦亚硫酸钾80克、硫酸铝钾120克。

②调配和使用方法　将上述2种原料粉碎并充分混合，装入透气性的小袋内使用。

该保鲜剂适用于葡萄、苹果等的防腐保鲜。常用量为0.3%～1%。将本制剂装在透气性的小袋内，放在容器中果蔬的上方，密封或半密封包装即可。

(4)配 方 四

①原料配比　重亚硫酸钠50克、氧化硅胶100克。

②调配和使用方法　将2种原料混合在一起，分装在用绵纸制成的小袋内。

该保鲜剂对易受灰霉菌感染的果蔬保鲜效果好，使用量一般为0.5%～1%。

13. 卤族气体发生剂如何配制和使用?

乙烯吸附剂吸附乙烯气体有一个过程。内源乙烯产生以后，在向四周移动扩散的时候，当接触到乙烯吸附剂的时候才被吸收，或接触到触媒改变了性质。这个时间差使活性乙烯有接触果蔬的机会，因此防止后熟和衰老的作用不彻底。氟、氯、溴、碘等卤族气体，能与内源乙烯反应，在极短的时间内使其钝化，即在刚发生阶段就改变了乙烯的性质，把它的影响控制到最小限度。

无机卤化物与氧化剂或酸性物质共存时，可持续地发生低浓度的卤族气体，是优异的延缓后熟防老化剂。

(1)配 方 一

①原料配比　碘化钾10克、活性白土10克、乳糖80克。

②调配和使用方法　将上述3种原料放在一起充分混合，用透气性的纤维质材料如纸、布等包装使用，也可制成颗粒状包装使用。

使用量因贮藏的果蔬品种和包装材料的透气性能不同而有很大的差异，通常按每千克果实使用无机卤化物10～1 000毫克。例如，将1千克巨峰葡萄与1克该保鲜剂共同封装在厚0.04毫米的低密度聚乙烯袋中，在常温下贮藏7天，脱粒率仅为对照组的1/7，枯枝率仅为对照组的1/18，味道良好。

(2)配 方 二

①原料配比　次氯酸钠25克、氢氧化钠适量、氧化硅胶（粒径70～250微米）100克、水75毫升。

②调配和使用方法　将次氯酸钠溶解在水中，用氢氧化钠调节pH 10。将氧化硅胶放入次氯酸钠水溶液中载持，沥出后除掉附着液，装入透气性的小袋内使用，使用量为果蔬重量的0.1%～0.5%。

③优点　该保鲜剂在保存中自然分解少，稳定；使用时能充分分解乙烯气体；效果持久稳定，具有脱臭作用。

用厚0.04毫米的低密度聚乙烯薄膜袋包装采后3天的赵州雪花梨8千克，加入保鲜剂10克，密封袋口，置于室温下贮藏。18天后开封检查，梨的皮色、果柄几乎没有变化。而未使用保鲜剂的对照组，明显变黄变软，果柄变黑。

(3)配 方 三

①原料配比　碘酸钾10克、亚硫酸钠10克、氯化钠5克、硅藻土75克。

②调配和使用方法　将上述原料放在一起充分混合后装入透气性的小袋内使用，使用量为果蔬重量的0.1%～0.5%。

14. 脱氧剂如何配制和使用？

低氧、高二氧化碳的环境条件能够抑制氧化酶的活性、好气性微生物的繁殖及乙烯的形成，因而能降低果品的呼吸作用，延长贮藏期。要实现以上目的，仅靠果实自身的呼吸作用自然降氧，速度缓慢，而使用脱氧剂则可以加速降氧进程，增大降氧量。

脱氧剂一般选用的主剂为铁粉、亚硫酸盐、硫代硫酸盐、草酸盐、铜胺络合物等，配以促进剂、增效剂、保护剂、分散剂等助剂而制得。

(1)配 方 一

①原料配比　铁粉 90 克、氯化钠 10 克。

②调配和使用方法　按配方比例将铁粉和氯化钠混合均匀，用透气性材料分装成小包装，分散放入待保存物的包装体中。其使用量为水果重量的 0.1%～0.5%。

(2)配 方 二

①原料配比　铁粉 60 克、硫酸亚铁 10 克、氯化钠 7 克、大豆粉 23 克。

②调配和使用方法　将上述 4 种原料按比例混合均匀，装入透气性的小袋内，与待保鲜果蔬一起装入塑料袋等容器中密封即可。该保鲜剂具有良好的脱氧功能，1 克保鲜剂可脱除 1 000 毫升密闭空间的氧气。

(3)配 方 三

①原料配比　铁粉 52 克、氯化钠 3 克、滑石粉 25 克、脱脂豆粉 20 克。

②调配和使用方法　将上述 4 种原料放在一起充分混合，装入透气性的小袋中即可使用。使用时将本脱氧剂与待贮藏的果蔬一起放入具有一定透气性能的包装材料中密封即可。使用量按容器的容量计算，每升用 2.5 克脱氧剂，在 4 天内可将容器中的氧气脱除掉。

脱脂豆粉市场上有售，也可以自己进行脱脂处理。其方法是将大豆粉浸渍在乙醇中，大豆粉中的油脂便溶解在乙醇中，固、液体分离后经干燥处理即得脱脂豆粉。

15. 二氧化碳脱除剂如何配制和使用?

适度的二氧化碳能抑制水果的呼吸作用,这与低浓度的氧气有同样的保鲜效果。但是,水果的种类很多,对二氧化碳的耐受能力有很大差异。在进行包装创造气体贮藏条件、保持果蔬品质时,必须根据不同水果的适应能力,调整气体组成成分,在有可能引起二氧化碳伤害时,可使用二氧化碳脱除剂。

氧化钙、氢氧化钙、氢氧化钠、碱石灰等都具有脱除二氧化碳的能力。这些物质可以原样使用,也可以经加工处理后使用。处理方法是用草炭、甘蔗渣、石棉、硅藻土、蛭石等具有吸附性的多孔体作为载体,载持后使用。

(1)配 方 一

①*原料配比* 氢氧化钠 500 克、蛭石 500 克、水 500 毫升。

②*调配和使用方法* 将氢氧化钠放入水中,搅拌或摇动加速其溶解,如水温低,加热至 20℃以上就很快溶解。将蛭石放入氢氧化钠水溶液中,浸泡 30 分钟,捞出后控干,即可投入使用。

氢氧化钠固体或水溶液都有吸收二氧化碳的作用。蛭石是质轻有吸附性能的多孔体,在本配方中作为载体使用。

将本配方的制剂用有透气性的材料包好,封入果实包装容器内,不仅能避免上述的无氧呼吸,还能适度地抑制呼吸作用,在保鲜方面具有优良的效果。其使用量因果实的种类、包装形态、环境温度等不同而有很大的差异,一般用量为果实重量的 0.2%～1%。由于该保鲜剂具有强碱性,因此,要防止它与果实直接接触,用透气性的材料隔开,也可敷放在表面上,还可以悬挂在果实包装容器的侧壁上。

将鸭梨 15 千克装入厚 0.04 毫米的聚乙烯袋中,预冷后分散装入用透气性的纸包裹的本保鲜剂 60 克(6 包),装入瓦楞纸果品箱中，封口后置于0℃～1℃的库中贮存，将空气相对湿度保持在85%～90%。50天后分析包装内气体成分，二氧化碳浓度为1.5%，而未使用保鲜剂的对照箱内的二氧化碳浓度为10%。前者保鲜状态良好，而对照箱内的果实已发生果心褐变。

(2)配 方 二

①原料配比　氢氧化钠500克、草灰50克、水500毫升。

②调配和使用方法　将氢氧化钠溶解于水中，然后将草灰投入氢氧化钠溶液中，搅拌使其充分吸附，过滤后沥干即可使用。

使用方法同配方一。

16. 湿度调节剂如何配制和使用?

贮藏果蔬需要有一定的湿度。湿度适宜，有利于保持鲜度，延长贮藏期。若湿度不适宜，如湿度过高，常使果蔬品质劣化，降低或丧失特有的风味，还为霉菌或其他污染菌的繁殖创造了良好的条件，从而导致果蔬腐败变质。如果湿度过低，则促进果蔬的水分蒸发散失，导致萎蔫皱缩，降低鲜度。

近年来，塑料薄膜已大量使用于果蔬包装。它的优点是减少水分蒸发，创造低氧、高二氧化碳的环境，抑制后熟和老化。但是也存在一定的问题，由于呼吸热难以散发，使袋内温度升高；长期贮藏时，果蔬水分蒸发引起果蔬表面和塑料袋的内壁产生许多结露水。而这种露水有利于污染菌的繁殖，是产生果蔬病害、引起鲜度下降、品质变劣、导致腐败变质的主要原因。

为了解决上述问题，采取在塑料薄膜包装内施用水分蒸发抑制剂和防结露剂的方法，取得了良好的效果。

(1)配 方 一

①原料配比　蔗糖脂肪酸酯5克、水300毫升。

②调配和使用方法　将蔗糖脂肪酸酯倒入水中，经加温搅拌

制成水溶液。将皱纹纸放在该溶液中浸泡吸附，取出后与青椒一起封入聚乙烯薄膜袋内，置于温度15℃的室内贮藏。青椒初始水分含量为92.1%，7天后为91.7%，失水很少，硬实新鲜。对照水分含量为81.9%，明显萎蔫，表皮皱缩。

蔗糖脂肪酸酯为良好的水分蒸发抑制剂。适用于草莓、青椒、黄瓜、番茄等果蔬的保鲜。

(2)配 方 二

①原料　聚丙烯酸钠。

②使用方法　将聚丙烯酸钠包在透气性的小袋内，与果蔬一起封入塑料薄膜袋内，可有效地控制包装袋内的湿度，不产生过湿现象，防止果蔬表面和塑料袋内壁结露。当袋内湿度降低时，它能放出已捕集的水分调节湿度。使用量一般为果蔬重量的0.06%～2%。

将聚丙烯酸钠制成丸状、片状等，使用起来较为方便。也可以将粉末状的聚丙烯酸钠涂布在塑料薄膜内侧使用。该保鲜剂适用于葡萄、桃、李、苹果、梨、柑橘等水果和蘑菇、菜花、菠菜、蒜薹、青椒、番茄等蔬菜。

(3)配 方 三

①原料配比　聚丙烯酸钠6克、还原铁粉3克、碳酸氢钠2克。

②调配和使用方法　将这3种原料放在一起混合，装入透气性的小袋内备用。

该保鲜剂适合于巨峰葡萄等水果。将巨峰葡萄放入塑料薄膜袋内，加入该保鲜剂，置于室温下贮存。5天后检查，袋内没有结露水，葡萄新鲜，脱粒只有4%，对照组包装和贮藏环境相同，只是没有使用保鲜剂，5天后脱粒40%。